# 高等法律职业教育系列教材
# 审定委员会

高等法律职业教育系列教材

# Python程序设计实训教程

Python CHENGXU SHEJI SHIXUN JIAOCHENG

主　编 ○ 占善华　黄少荣

副主编 ○ 刘宗妹　陈芳琳　徐金成

撰稿人 ○（按撰写章节先后为序）

占善华　黄少荣　刘宗妹　陈芳琳　徐金成

杜翠凤　张永平　万晓辉　陈丽仪

中国政法大学出版社

2022 · 北京

**图书在版编目（ＣＩＰ）数据**

Python程序设计实训教程/占善华，黄少荣主编. —北京：中国政法大学出版社，2022.1
ISBN 978-7-5764-0327-5

Ⅰ.①P… Ⅱ.①占…②黄… Ⅲ.①软件工具－程序设计－教材 Ⅳ.①TP311.561

中国版本图书馆CIP数据核字(2022)第019453号

----------------------------------------------------------------------------------------------------

| | |
|---|---|
| 出 版 者 | 中国政法大学出版社 |
| 地　　址 | 北京市海淀区西土城路 25 号 |
| 邮　　箱 | fadapress@163.com |
| 网　　址 | http://www.cuplpress.com (网络实名：中国政法大学出版社) |
| 电　　话 | 010-58908435(第一编辑部) 58908334(邮购部) |
| 承　　印 | 固安华明印业有限公司 |
| 开　　本 | 787mm×1092mm　1/16 |
| 印　　张 | 17.25 |
| 字　　数 | 358 千字 |
| 版　　次 | 2022 年 1 月第 1 版 |
| 印　　次 | 2022 年 1 月第 1 次印刷 |
| 印　　数 | 1~4000 册 |
| 定　　价 | 49.00 元 |

青年的动人之处，就在于他们的勇气和远大的前程。

我们多数人的问题都在于想法太多，学习太少。

我们要有改变命运的决心，而学习便是一条捷径。

所以，少年，和我们一起开始 Python 学习之旅。相信我，你会进入一个美妙的世界！

编者

总 序

高等法律职业化教育已成为社会的广泛共识。2008 年，由中央政法委等 15 部委联合启动的全国政法干警招录体制改革试点工作，更成为中国法律职业化教育发展的里程碑。这也必将带来高等法律职业教育人才培养机制的深层次变革。顺应时代法治发展需要，培养高素质、技能型的法律职业人才，是高等法律职业教育亟待破解的重大实践课题。

目前，受高等职业教育大趋势的牵引、拉动，我国高等法律职业教育开始了教育观念和人才培养模式的重塑。改革传统的理论灌输型学科教学模式，吸收、内化"校企合作、工学结合"的高等职业教育办学理念，从办学"基因"——专业建设、课程设置上"颠覆"教学模式："校警合作"办专业，以"工作过程导向"为基点，设计开发课程，探索出了富有成效的法律职业化教学之路。为积累教学经验、深化教学改革、凝塑教育成果，我们着手推出"基于工作过程导向系统化"的法律职业系列教材。

《国家中长期教育改革和发展规划纲要（2010～2020 年）》明确指出，高等教育要注重知行统一，坚持教育教学与生产劳动、社会实践相结合。该系列教材的一个重要出发点就是尝试为高等法律职业教育在"知"与"行"之间搭建平台，努力对法律教育如何职业化这一教育课题进行研究、破解。在编排形式上，打破了传统篇、章、节的体例，以司法行政工作的法律应用过程为学习单元设计体例，以职业岗位的真实任务为基础，突出职业核心技能的培养；在内容设计上，改变传统历史、原则、概念的理论型解读，采取"教、学、练、训"一体化的编写模式。以案例等导出问题，根据内容设计相应的情境训练，将相关原理与实操训练有机地结合，围绕关键知识点引入相关实例，归纳总结理论，分析判断解决问题的途径，充分展现法律职业活动的演进过程和应用法律的流程。

　　法律的生命不在于逻辑，而在于实践。法律职业化教育之舟只有驶入法律实践的海洋当中，才能激发出勃勃生机。在以高等职业教育实践性教学改革为平台进行法律职业化教育改革的路径探索过程中，有一个不容忽视的现实问题：高等职业教育人才培养模式主要适用于机械工程制造等以"物"作为工作对象的职业领域，而法律职业教育主要针对的是司法机关、行政机关等以"人"作为工作对象的职业领域，这就要求在法律职业教育中对高等职业教育人才培养模式进行"辩证"地吸纳与深化，而不是简单、盲目地照搬照抄。我们所培养的人才不应是"无生命"的执法机器，而是有法律智慧、正义良知、训练有素的有生命的法律职业人员。但愿这套系列教材能为我国高等法律职业化教育改革作出有益的探索，为法律职业人才的培养提供宝贵的经验、借鉴。

2016 年 6 月

随着云计算、大数据、人工智能等技术的迅速崛起，与之渊源颇深的 Python 必然备受大众关注。Python 是云计算、大数据、人工智能操作深度学习框架的工具。

Python 是一种解释型的、面向对象的、带有动态语义的高级程序设计语言。在使用 Python 时，开发人员既可以保持自己的代码风格，又可以使用清晰易懂的程序来实现想要的功能。对于信息技术的学生和初学者，既简单又强大的 Python 就是最佳的选择。

高职院校教学要与时代同步，满足社会需求，相关信息技术领域专业的学生必然需要具备云计算、大数据、人工智能方面的知识与技能。掌握好 Python 语言并融入专业学习中便是很好的方式，一本适合高职类专业学生又与实践教学紧密相关的《Python 程序设计实训教程》也就应运而生。

《Python 程序设计实训教程》教材针对职业学院相关专业学习 Python 的新手量身定做。它汇集了来自教学一线、企业一线、开发一线的技术人员学习和使用 Python 过程中的体会和经验总结，涵盖实际开发中的所有重要知识点，内容详尽，代码可读性和可操作性强。

教材从开发环境的搭建入手，主要介绍 Python 语言的变量类型和运算符、Python 语言的数据类型、流程控制、函数、面向对象编程方法、异常处理、模块和包及文件操作，并以贪吃蛇的编程实现作为综合训练收尾。本教材在讲解每个知识点的时候，先讲解理论，后列举实例。各章还设置了习题，以帮助读者将所学应用到实际中，做到学以致用。除此之外，本教材使用通俗易懂的描述和丰富的示例代码，结合学习和生活中的例子，增强教程的可读性、趣味性，将复杂问题简单化，让读者从项目中领略

Python 的真正魅力。在第 10 个学习单元，作者将前面讲述的内容应用到趣味的贪吃蛇项目中，一步一步地介绍了项目的开发过程，以实现编程实践示范意义。同时，作者通过在项目游戏中学知识的方式，将枯燥的软件知识融入有趣的游戏开发中。这既提升了学生的学习兴趣，又引导学生通过开发项目学习，提高学习效率与实践能力。

本书共 10 个学习单元。学习单元 1 为开发环境的搭建，介绍了 Python 语言的开发环境以及一些诸如注释、缩进规则、命名规范、关键字等基础知识；学习单元 2 为 Python 变量类型和运算符，主要介绍了变量及数据类型；学习单元 3 为 Python 数据类型，主要介绍了列表、元组、字典、集合以及字符串等常见的数据类型；学习单元 4 主要介绍了 Python 的选择结构、循环结构；学习单元 5 向读者阐述了函数的各个知识点，如值传递、引用传递、位置参数、关键字参数、默认参数、None 空值、Return 返回值、作用域、局部函数以及匿名函数，内容非常详尽，并配以实例；学习单元 6 介绍了面向对象编程的相关知识，系统阐述了类和对象；学习单元 7 介绍了异常处理的相关知识点；学习单元 8 介绍了如何创建模块和包，如何使用模块和包；学习单元 9 介绍了文件操作以及与文件操作相关的函数；学习单元 10 为综合应用的一个实例，以贪吃蛇的编程实现，系统回顾了前 9 个单元的知识。

本书几经修改，是各位编者的心血和智慧的结晶，也是计算机软件教学改革探索中的一次重要尝试。疏漏和不足之处在所难免，殷切希望广大读者批评指正。希望本书能为职业院校学生带来良好的学习体验和丰富的信息技术知识。

书稿在编撰过程中，得到了教学、科研、网络工程部门的领导和技术人员的支持以及兄弟院校同类专业、高科技企业老师的帮助，在此向所有为本书做出贡献的同志致以衷心的感谢！

编　者

2021 年 9 月

目 录
Contents

# Python 基础

Python 语言与 Perl、C 和 Java 等语言有许多相似之处。它是一种跨平台的计算机程序设计语言，是一个高层次的结合了解释性、编译性、互动性和面向对象的脚本语言。最初 Python 被设计用于编写自动化脚本(shell)，随着版本的不断更新和语言新功能的添加，越来越多地被用于独立的大型项目的开发，并被广泛应用在 Web 和 Internet 开发、科学计算和统计、人工智能、桌面界面开发、软件开发、后端开发、网络爬虫等领域。

## 1.1 编程语言介绍

### 1.1.1 本节重点

- 理解编程语言是什么，为什么需要编程
- 理解编程语言与计算机底层通信的原理以及编程语言有哪些分类
- 主流编程语言有哪些特点

### 1.1.2 编程的本质

编程是个动词，编程和写代码意思类似，那写代码是为了什么呢？很显然，写代码是为了让计算机干你想要干的事情。比如，阿里巴巴创始人马云想在网上做生意，于是开发了一个网上购物的软件，这个软件就是一堆代码的集合。这些代码是什么？这些代码是计算机能理解的语言。

那计算机能理解的语言是什么呢？它只能理解二进制 0101010……，但我们不能人为输入二进制给计算机(虽然最原始的计算机就是这样的)让它工作，因为这样开发速度太慢了。所以最好的办法就是人输入简单的指令，再由计算机把指令转成二进制进行执行。假如程序员想让计算机播放一首歌曲，他只需要输入指令，计算机的 CPU 接收到这样的指令后，就会把它转成一堆只有 CPU 可以理解的指令，然后再将指令转成各种对应的二进制，最终 CPU 调用硬盘上的这首歌，令其通过音箱播放。所谓 CPU 可以理解的指令，也就是机器语言，让我们天天用机器语言编程是不现实的。还好，伟大的计算机先驱们，开发了各种编程语言，让我们只需要写一些简单的规则，就能操作计算机工作了。

### 1.1.3 编程语言的分类

编程语言总体分为机器语言、汇编语言和高级语言：

1. 机器语言

计算机内部只能接受二进制代码，因此，用二进制代码 0 和 1 描述的指令被称为机器指令。全部机器指令的集合构成计算机的机器语言，用机器语言编程的程序被称为目标程序。只有目标程序才能被计算机直接识别和执行。机器语言编写的程序无明显特征，难以记忆，不便阅读和书写，且依赖于具体机种，局限性很大，因此机器语言属于低级语言。

用机器语言编写程序，编程人员首先要熟记所用计算机的全部指令代码和代码的含义。手编程序时，程序员得自己处理每一条指令和每一数据的存储分配和输入输出，还得记住编程过程中每一步所使用的工作单元处在何种状态。这是一项十分繁琐的工作，编写程序花费的时间往往是实际运行时间的几十倍或几百倍。而且，编出的程序全是 0 和 1 的指令代码，直观性差并且容易出错。除了计算机生产厂家的专业人员外，绝大多数的程序员已经不再学习机器语言了。

机器语言是微处理器理解和使用的，用于控制其操作的二进制代码。尽管机器语言好像很复杂，然而它是有规律的。存在着多至 100 000 种机器语言的指令，这意味着不能把这些种类全部列出来。

以下是一些示例：

指令部分的示例

0000 代表 加载(LOAD)

0001 代表 存储(STORE)

……

暂存器部分的示例

0000 代表暂存器 A

0001 代表暂存器 B

……

存储器部分的示例

000000000000 代表地址为 0 的存储器

000000000001 代表地址为 1 的存储器

000000010000 代表地址为 16 的存储器

100000000000 代表地址为 $2^{11}$ 的存储器

集成示例

0000, 0000, 000000010000 代表 LOAD A, 16

0000, 0001, 000000000001 代表 LOAD B, 1

0001, 0001, 000000010000 代表 STORE B, 16

0001, 0001, 000000000001 代表 STORE B, 1[1]

### 2. 汇编语言

汇编语言的实质和机器语言是相同的，都是直接对硬件操作，只不过指令采用了英文缩写的标识符，更容易识别和记忆。它同样需要编程者将每一步具体的操作用指令的形式写出来。汇编程序的每一句指令只能对应实际操作过程中的一个很细微的动作，例如移动、自增。因此汇编源程序一般比较冗长、复杂、容易出错，而且使用汇编语言编程需要具备更多的计算机专业知识。但汇编语言的优点也是显而易见的，用汇编语言所能完成的操作不是一般高级语言所能够实现的，而且源程序经汇编生成的可执行文件不仅比较小，而且执行速度很快。

汇编语言编写"hello world"程序，需要写很多行，这是不可接受的，具体如下：

```
code SEGMENT
        ASSUME CS: CODE, DS: DATA
start:
        MOV AX, data   ;      将 data 首地址赋值给 AX
        MOV DS, AX     ;      将 AX 赋值给 DS, 使 DS 指向 data
        LEA DX, hello  ;      使 DX 指向 hello 首地址
        MOV AH, 09h    ;      给 AH 设置参数 09H
        INT 21h        ;      执行 AH 中设置的 09H 号功能. 输出 DS 指向的 DX 指向
                              的字符串 hello
        MOV AX, 4C00h  ;      给 AH 设置参数 4C00h
        int 21h        ;      调用 4C00h 号功能, 结束程序
code ENDS
END start
```

### 3. 高级语言

高级语言是大多数编程者的选择。和汇编语言相比，它不但将许多相关的机器指令合成为单条指令，而且去掉了与具体操作有关但与完成工作无关的细节，例如使用堆栈、寄存器等，这样就大大简化了程序中的指令。同时，由于省略了很多细节，编程者也就不需要具备太多的专业知识。

高级语言主要是相对于汇编语言而言的，它并不是特指某一种具体的语言，而是包括了很多编程语言，像最简单的编程语言 PASCAL 语言也属于高级语言。高级语言所编制的程序不能直接被计算机识别，必须经过转换才能被执行。按转换方式可将它们分为两类：

（1）编译类：编译是指在应用源程序执行之前，就将程序源代码"翻译"成目标代码（机器语言），因此其目标程序可以脱离其语言环境独立执行（编译后生成的可执行文件，是 CPU 可以理解的二进制的机器码组成的），使用比较方便、效率较高。但应用程序一旦需要修改，必须先修改源代码，再重新编译生成新的目标文件（ *·obj，也就是 OBJ 文件）才能执行，只有目标文件而没有源代码，修改很不方便。编译后程序运行时不需要重新翻译，直接使用编译的结果即可。程序执行效率高，依赖编译器，跨平台性较差。如 C、C++、Delphi 等。

（2）解释类：执行方式类似于我们日常生活中的"同声翻译"，应用程序源代码一边由相应语言的解释器"翻译"成目标代码（机器语言），一边执行。因此此种方式效率比较低，而且不能生成可独立执行的文件，应用程序不能脱离其解释器（想运行，必须先装上解释器，就像跟外国人说话，必须有翻译在场）。但这种方式比较灵活，可以动态地调整、修改应用程序。如 Python、Java、PHP、Ruby 等。

关于本节编程语言的介绍，总结如下：

机器语言：优点是最底层，速度最快，缺点是最复杂，开发效率最低。

汇编语言：优点是比较底层，速度较快，缺点是复杂，开发效率较低。

高级语言：编译型语言执行速度快，不依赖语言环境运行，跨平台性差；解释型语言跨平台性好，一份代码可在多处使用，缺点是执行速度慢，依赖解释器运行。

### 1.1.4 主流编程语言介绍

世界上的编程语言有 600 多种，但真正在使用的最多二三十种。不同的语言有自己的特点和擅长领域，随着计算机的不断发展，新语言不断诞生，同时有很多老旧的语言逐渐无人使用了。有一个权威的编程语言排名网站 TIOBE，在此用户可以看到主流的编程语言是哪些以及这些语言的受欢迎程度。

| Oct 2020 | Oct 2019 | Change | Programming Language | Ratings | Change |
|---|---|---|---|---|---|
| 1 | 2 | ∧ | C | 16.95% | +0.77% |
| 2 | 1 | ∨ | Java | 12.56% | -4.32% |
| 3 | 3 | | Python | 11.28% | +2.19% |
| 4 | 4 | | C++ | 6.94% | +0.71% |
| 5 | 5 | | C# | 4.16% | +0.30% |
| 6 | 6 | | Visual Basic | 3.97% | +0.23% |
| 7 | 7 | | JavaScript | 2.14% | +0.06% |
| 8 | 9 | ∧ | PHP | 2.09% | +0.18% |
| 9 | 15 | ⋀ | R | 1.99% | +0.73% |
| 10 | 8 | ∨ | SQL | 1.57% | -0.37% |
| 11 | 19 | ⋀ | Perl | 1.43% | +0.40% |
| 12 | 11 | ∨ | Groovy | 1.23% | -0.16% |
| 13 | 13 | | Ruby | 1.16% | -0.16% |
| 14 | 17 | ∧ | Go | 1.16% | +0.06% |
| 15 | 20 | ⋀ | MATLAB | 1.12% | +0.19% |
| 16 | 12 | ⋁ | Swift | 1.09% | -0.28% |
| 17 | 14 | ∨ | Assembly language | 1.08% | -0.23% |
| 18 | 10 | ⋁ | Objective-C | 0.86% | -0.64% |
| 19 | 16 | ∨ | Classic Visual Basic | 0.77% | -0.46% |
| 20 | 22 | ∧ | PL/SQL | 0.77% | -0.06% |

图 1-1　编程语言排行榜

　　TIOBE 发布编程语言排行榜已经快 10 年了，在这 10 年中 TIOBE 见证了不少语言的起起落落。从榜单中我们能看出哪些语言日渐兴盛，哪些日渐没落。我们从 Go 和 R 语言的上升，能看到未来人工智能、机器学习领域的黄金潜力。图 1-1 是截止到 2020 年 9 月的编程语言排行榜，带边框的是 Python 语言的数据变化情况。Python 语言的排名一直处于上升趋势，在整个编程语言排行榜中位列第三，只落后于 Java 大概 1 个百分点。

　　下面介绍几个主流的编程语言：

**1. C 语言**

　　C 语言是一种计算机程序设计语言，它既具有高级语言的特点，又具有汇编语言的特点。它由美国贝尔研究所的 D. M. Ritchie 于 1972 年推出。1978 年后，C 语言先后被移植到大、中、小及微型机上，它可以作为工作系统设计语言，编写系统应用程序，也可以作为应用程序设计语言，编写不依赖计算机硬件的应用程序。它的应用范围广泛，具备很强的数据处理能力。不仅仅在软件开发上，各类科研都需要用到 C 语言，它适合编写系统软件，三维、二维图形和动画，具体应用比如单片机以及嵌入式系统开发。

**2. C++ 语言**

　　C++ 是 C 语言的继承和扩展，它既可以进行 C 语言的过程化程序设计，又可以进行以抽象数据类型为特点的基于对象的程序设计，还可以进行以继承和多态为特点的面向对象的程序设计。C++ 在擅长面向对象程序设计的同时，还可以进行基于过程的程序设计，因而 C++ 就适应的问题规模而论，大小由之。

　　C++ 不仅拥有计算机高效运行的实用性特征，同时还致力于提高大规模程序的编程质量与程序设计语言的问题描述能力。

### 3. JAVA 语言

Java 是一种可以编写跨平台应用软件的面向对象的程序设计语言，是由 Sun Microsystems 公司于 1995 年 5 月推出的 Java 程序设计语言和 Java 平台（即 JavaSE，JavaEE，JavaME）的总称。Java 技术具有卓越的通用性、高效性、平台移植性和安全性，广泛应用于个人 PC、数据中心、游戏控制台、科学超级计算机、移动电话和互联网，同时拥有全球最大的开发者专业社群。在全球云计算和移动互联网的产业环境下，Java 更具备了显著优势和广阔前景。

### 4. PHP 语言

PHP 是一种通用开源脚本语言。其语法吸收了 C 语言、Java 和 Perl 的特点，利于学习，使用广泛，主要适用于 Web 开发领域。

### 5. Ruby 语言

Ruby 是开源的，在 Web 上免费提供，但需要一个许可证。

Ruby 是一种通用的、解释型的编程语言。

Ruby 是一种真正的面向对象的编程语言。

Ruby 是一种类似于 Python 和 Perl 的服务器端脚本语言。

Ruby 可以用来编写通用网关接口（CGI）脚本。

Ruby 可以被嵌入到超文本标记语言（HTML）。

Ruby 语法简单，这使得新的开发人员能够快速轻松地学习 Ruby。

### 6. GO 语言

Go 是一种开源的编程语言，它让构造简单、可靠且高效的软件变得容易。Go 从 2007 年末由 Robert Griesemer、Rob Pike、Ken Thompson 主持开发，后来还加入了 Ian Lance Taylor 和 Russ Cox 等人，并最终于 2009 年 11 月开源，在 2012 年早些时候发布了 Go 1 稳定版本。现在 Go 的开发已经是完全开放的，并且拥有一个活跃的社区。

### 7. Python 语言

Python 是一门优秀的综合语言，Python 的宗旨是简明、优雅、强大，在人工智能、云计算、金融分析、大数据开发、WEB 开发、自动化运维、测试等方向应用广泛，已是全球第三大流行的编程语言。

## 1.2  Python 介绍

### 1.2.1 本节重点

- 了解 Python 的特点、发展史

- 介绍 Python 的应用领域以及前景

### 1.2.2 Python 介绍

Python 是一种面向对象、解释型的计算机程序设计语言，Python 的创始人为荷兰人吉多·范罗苏姆（Guido van Rossum）。1989 年圣诞节期间，在阿姆斯特丹，Guido 为了打发圣诞节的无趣，决心开发一个新的脚本解释程序，作为 ABC 语言的一种继承。该编程语言的名字 Python（大蟒蛇的意思），是取自英国 20 世纪 70 年代首播的电视喜剧《蒙提·派森的飞行马戏团》（Monty Python´s Flying Circus）。Python 第一个公开发行版发行于 1991 年。Python 是纯粹的自由软件，源代码和解释器 CPython 遵循 GPL（GNU General Public License）协议。

### 1.2.3 Python 发展史

吉多·范罗苏姆（Guido van Rossum）对 Python 的期望是：介于 C 和 shell 之间，功能全面，易学易用，可拓展。1991 年，第一个 Python 编译器诞生，它是用 C 语言实现的，并能够调用 C 语言的库文件。Python 创生之初便具有了：类，函数，异常处理，包含表和词典在内的核心数据类型，以及模块为基础的拓展系统。

1994 年 1 月，发布 Python 1.0，增加了 lambda，map，filter and reduce

1999 年，发布 Python 的第一个 Web 框架 Zope 1，Granddaddy of Python web frameworks was released in 1999

2000 年 10 月 16 日，发布 Python 2.0，加入了内存回收机制，构成了现在 Python 语言框架的基础

2004 年 11 月 30 日，发布 Python 2.4，同年目前最流行的 Web 框架 Django 诞生

2006 年 9 月 19 日，发布 Python 2.5

2008 年 10 月 1 日，发布 Python 2.6，同年 12 月 3 日，发布 Python 3.0

2009 年 6 月 27 日，发布 Python 3.1

2010 年 7 月 3 日，发布 Python 2.7

2011 年 2 月 20 日，发布 Python 3.2

2012 年 9 月 29 日，发布 Python 3.3

2014 年 3 月 16 日，发布 Python 3.4

2014 年 11 月，官方宣布：Python 2.7 将在 2020 年停止支持，且不再有 2.8 及以上的版本，现有 2.x 版本的需要迁移到 3.4 及以上版本

2015 年 9 月 13 日，发布 Python 3.5

2016 年 12 月 23 日，发布 Python 3.6

2018 年 7 月 27 日，发布 Python 3.7

2019 年 10 月 14 日，发布 Python 3.8

2020 年 10 月 5 日，发布 Python 3.9，目前最新版本为 Python 3.9.0

（更新的 3.9 版本正在计划发布中，可以关注 Python 的官方网址。Python 的官方网址为：https://www.python.org）

### 1.2.4 Python 的应用领域

#### 1. 技术领域

（1）系统运维。Python 在与操作系统结合以及管理中与其联系非常密切，目前所有 linux 发行版中都带有 Python，且对于 linux 中相关的管理功能都有大量的模块可以使用，例如目前主流的自动化配置管理工具 SaltStack Ansible（目前是 RedHat 的）。目前几乎所有互联网公司自动化运维的标配就是 Python+Django/flask，另外，在虚拟化管理方面已经是事实标准的 OpenStack 就是由 Python 实现的，所以 Python 是所有运维人员的必备技能。Python 已经成为自动化运维平台领域的实施标准。

（2）WEB 开发。Python 相比 PHP\Ruby 的模块化设计，更便于功能扩展；有大量优秀的 Web 开发框架，并且在不断迭代。如：Django 框架，是目前最火的 Python Web 框架，Django 官方的标语把 Django 定义为 the framework for perfectionist with deadlines（大意是：一个为完美主义者开发的高效率 Web 框架）；Flask、bottle 框架，短小精悍，是轻量级微型 Web 框架；Tornado 框架，支持异步高并发，专门为处理异常进程而构建。

（3）云计算。云计算是最火的语言，典型应用如 OpenStack。

（4）网络编程。支持高并发的 Twisted 网络框架，PY3 引入的 asyncio 使异步编程变得非常简单。

（5）爬虫。在爬虫领域，Python 几乎是霸主地位，Scrapy\Request\BeautifuSoap\urllib 等都可以应用。

（6）科学运算、大数据。Python 相对于其他解释性语言最大的特点是其庞大而活跃的科学计算生态。1997 年开始，NASA 就大量使用 Python 进行各种复杂的科学运算，NumPy、SciPy、Matplotlib、Enthought librarys 等众多程序库的开发，使得 Python 越来越适合于做科学计算、绘制高质量的 2D 和 3D 图像。和科学计算领域最流行的商业软件 Matlab 相比，Python 是一门通用的程序设计语言，Python 比 Matlab 所采用的脚本语言的应用范围更广泛，在数据分析、交互、可视化方面有相当完善和优秀的库（Python 数据分析栈：Numpy Pandas Scipy Matplotlip Ipython），形成了自己独特的面向科学计算的 Python 发行版 Anaconda，而且这几年一直在快速进化和完善，对传统的数据分析语言如 R MATLAB SAS Stata 具有非常强的替代性。

（7）金融分析，量化交易。在金融工程领域，Python 不但被使用且用得最多，重要性逐年提高。作为动态语言的 Python，语言结构清晰简单、库丰富、成熟稳定、科学计算和统计分析都很擅长，生产效率远远高于 C、C++、Java，尤其擅长策略回测。

（8）人工智能。基于大数据分析和深度学习而发展出来的人工智能本质上已经无法离开 Python 的支持，目前世界上优秀的人工智能学习框架如 Google 的 TransorFlow 、FaceBook 的 PyTorch 以及开源社区的神经网络库 Karas 等都是用 Python 实现的。微软的 CNTK（认知工具包）也完全支持 Python，而且微软的 Vscode 都已经把 Python 作为第一级语言进行支持。

（9）图形 GUI。Python 提供了多个图形开发界面的库，常用的有：

·PyQT：一个创建 GUI 应用程序的工具包，是 Python 和 QT 库的成功融合。QT 库是目前最强大的库之一；

·WxPython：一款开源软件，是 Python 语言的一套优秀的 GUI 图形库；

·TkInter：Python 的标准 TKGUI 工具包的接口。

（10）游戏开发。在网络游戏开发中 Python 也有很多应用。相比 Lua 或 C++，Python 比 Lua 有更高阶的抽象能力，可以用更少的代码描述游戏业务逻辑。与 Lua 相比，Python 更适合作为一种 Host 语言，即程序的入口点在 Python 那一端，然后用 C/C++ 在非常必要的时候写一些扩展。Python 非常适合编写 1 万行以上的项目，而且能够很好地把网游项目的规模控制在 10 万行代码以内。知名的游戏"文明"就是用 Python 写的。

2. 行业应用

Python 在一些公司和组织的应用：

豆瓣：公司几乎所有的业务均是通过 Python 开发的；

知乎：国内最大的问答社区之一，通过 Python 开发（国外为 Quora）；

春雨医生：国内知名的在线医疗网站，是用 Python 开发的；

谷歌：Google App Engine 、code. google. com 、Google earth 、谷歌爬虫、Google 广告等项目都在大量使用 Python 开发；

YouTube：世界上最大的视频网站之一 YouTube 就是用 Python 开发的；

Facebook：大量的基础库均是通过 Python 实现的；

Dropbox：美国最大的在线云存储网站，全部用 Python 实现，网站每天处理 10 亿个文件的上传和下载；

Instagram：美国最大的图片分享社交网站，每天超过 3000 万张照片被分享，全部用 Python 开发；

Redhat：世界上最流行的 Linux 发行版本中的 yum 包管理工具就是用 Python 开发的；

CIA：美国中情局网站是用 Python 开发的；

NASA：美国航天局（NASA）大量使用 Python 进行数据分析和运算；

搜狐、金山、腾讯、盛大、网易、百度、阿里、淘宝 、土豆、新浪、果壳等公司都在使用 Python 完成各种各样的任务。

### 1.2.5 Python 的特点

Python 是一门动态解释性的强类型定义语言。

1. Python 语言的优点

（1）"优雅""明确""简单"。Python 程序简单易懂，初学者学 Python，不但入门容易，而且将来深入下去，可以编写非常复杂的程序。

（2）开发效率非常高。Python 有非常强大的第三方库，基本上我们想通过计算机实现的任何功能，Python 官方库里都有相应的模块进行支持。直接下载调用后，在基础库的基础上再进行开发，可以大大降低开发周期，避免重复开发。

（3）是一门高级语言。当我们用 Python 语言编写程序的时候，无需考虑诸如如何管理程序使用的内存之类的底层细节。

（4）具备可移植性。由于它的开源本质，Python 可以被改动并移植到不同平台进行工作。如果我们避免使用依赖于系统的特性，那么所写 Python 程序无需修改就几乎可以在市场上所有的系统平台上运行。

（5）具备可扩展性。如果需要使一段关键代码运行得更快或者希望某些算法不公开，可以把该部分程序代码用 C 或 C++编写，然后在 Python 程序中使用它们。

（6）具备可嵌入性。可以把 Python 嵌入 C 或 C++程序，从而向程序用户提供脚本功能。

2. Python 语言的缺点

（1）速度较 C 语言慢。Python 运行速度相比 C 语言确实慢很多，跟 Java 相比也要慢一些，但这里所指的运行速度慢在大多数情况下是我们无法直接感知到的，必须借助测试工具才能体现出来。大多数情况下 Python 已经完全可以满足我们对程序速度的要求，但是如果要写对速度要求极高的搜索引擎等，还是建议用 C 语言去实现。

比如，用 C 语言运行一个程序花了 0.01s，用 Python 是 0.1s。虽然 C 语言比 Python 快了 10 倍，但是我们是无法直接通过肉眼感知的，因为一个正常人所能感知的最小时间单位也只是 0.15~0.4s 左右。

（2）代码不能加密。因为 Python 是解释性语言，所以它的源码都是以明文形式存放的。如果项目要求源代码必须是加密的，那么我们一开始就不应该选择用 Python 去实现，所以这个其实也不能算作是 Python 的缺点。

（3）线程不能利用多 CPU 问题。这是 Python 被人诟病最多的一个缺点，GIL 即全局解释器锁（Global Interpreter Lock），是计算机程序设计语言解释器用于同步线程的工具，它使得任何时刻仅有一个线程在执行，Python 的线程是操作系统的原生线程。在 Linux 上为 pthread，在 Windows 上为 Win thread，完全由操作系统调度线程的执行。

一个 Python 解释器进程内有一条主线程，以及多条用户程序的执行线程。即使在多核 CPU 平台上，由于 GIL 的存在，也会禁止多线程的并行执行。

### 1.2.6 Python 解释器

当编写 Python 代码时，我们得到的是一个包含 Python 代码的以 .py 为扩展名的文本文件。要运行代码，就需要 Python 解释器去执行 .py 文件。由于整个 Python 语言从规范到解释器都是开源的，所以理论上，只要水平够高，任何人都可以编写 Python 解释器来执行 Python 代码（当然难度很大）。事实上，确实存在多种 Python 解释器。

（1）CPython。Python 的官方版本，使用 C 语言实现。CPython 会将源文件（py 文件）转换成字节码文件（pyc 文件），然后运行在 Python 虚拟机上。CPython 是使用最广的 Python 解释器。

（2）IPython。IPython 是基于 CPython 之上的一个交互式解释器。也就是说，IPython 只是在交互方式上有所增强，但是执行 Python 代码的功能和 CPython 是完全一样的。好比很多国产浏览器，虽然外观不同，但内核其实都是调用了 IE。CPython 用>>>作为提示符，而 IPython 用 In［序号］：作为提示符。

（3）PyPy。Python 实现的 Python，将 Python 的字节码再编译成机器码，是另一个 Python 解释器，它的目标是执行速度。PyPy 采用 JIT 技术，对 Python 代码进行动态编译（注意不是解释），所以可以显著提高 Python 代码的执行速度。绝大部分 Python 代码都可以在 PyPy 下运行，但是 PyPy 和 CPython 有一些是不同的，这就导致相同的 Python 代码在两种解释器下执行可能会产生不同的结果。如果代码要放到 PyPy 下执行，就需要了解 PyPy 和 CPython 的不同点。

（4）Jython。Python 的 Java 实现，Jython 会将 Python 代码动态编译成 Java 字节码，然后在 JVM 上运行。

（5）IronPython。Python 的 C#实现，运行在微软 .Net 平台上，IronPython 将 Python 代码编译成 C#字节码，然后在 CLR 上运行（与 Jython 类似）。

值得注意的是，Python 的解释器很多，但使用最广泛的还是 CPython。如果要和 Java 或 .Net 平台交互，最好的办法不是用 Jython 或 IronPython，而是通过网络调用来交互，确保各程序之间的独立性。

## 1.3　Python 安装

### 1.3.1 本节重点

- 安装 Python，并配置好环境变量

### 1.3.2 Windows 环境安装

第一步，打开官网 www. python. org，如图 1-2 所示，选择 Downloads。

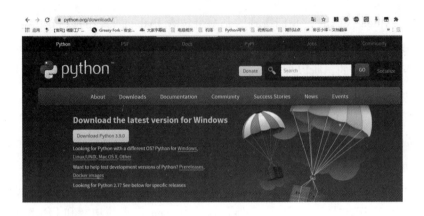

图 1-2　Python 官网

第二步，根据自己的系统特点，如 32 位或者 64 位，然后选择要安装的版本，如图 1-3 所示。

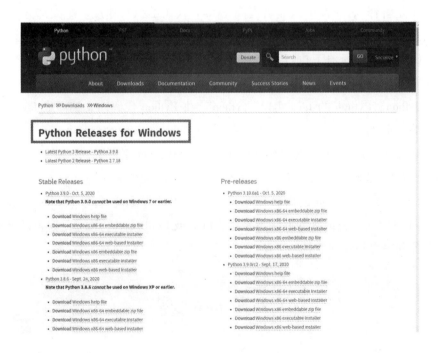

图 1-3　Python 各版本下载页面

第三步，下载完成后打开，如图 1-4 下载的是 3.6.4。

图 1-4  安装步骤 1

在这一步需要注意，首先应勾选 Add Python 3.6 to PATH，这是把 Python 的安装路径添加到系统环境变量的 Path 变量中，这样在后续步骤中就不用自己添加环境变量；其次，选择 Install Now，默认将 Python 安装在 C 盘目录下，可以选择 Customize installation，也可自定义安装路径，在这里我们选择 Customize installation。

第四步，选择 Customize installation 后，这一步默认全选，然后点击 next。这里有一些选项，可以选择勾选，如图 1-5 所示。

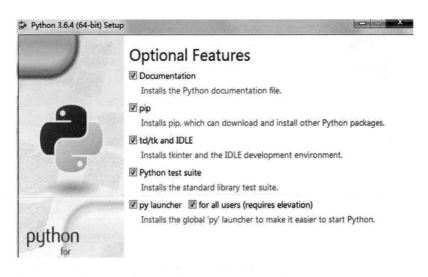

图 1-5  安装步骤 2

第五步，在"高级选项"中要勾选上 Install for all users，如图 1-6 所示，路径根据自己的需要选择。

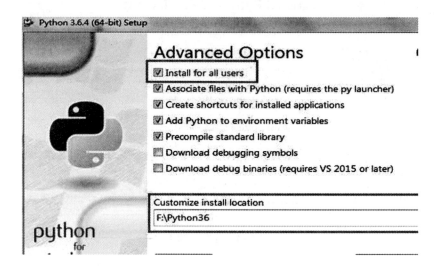

图 1-6　安装步骤 3

第六步，点击 Install，开始安装。出现图 1-7 所示的提示即表示安装完成。

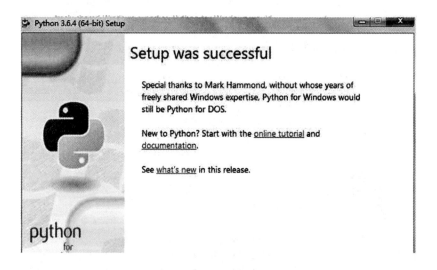

图 1-7　安装步骤 4

第七步，验证安装是否成功。测试安装是否成功，可以进入 cmd 命令行模式，输入 python，如果能进入如图 1-8 所示的交互环境，则代表安装成功。

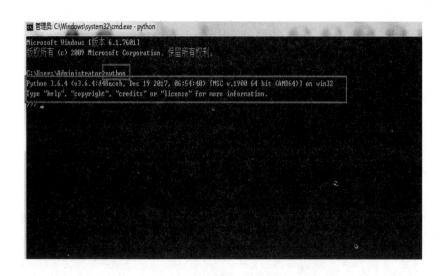

图 1-8  验证安装是否成功

# 1.4  第一个 Python 程序

本节将给大家介绍最简单、最常用的 Python 程序——在屏幕上输出一段文本，包括字符串和数字。Python 使用 print 函数在屏幕上输出一段文本，输出结束后会自动换行。

### 1.4.1 本节重点

- 让学生掌握 Python 代码执行方式

### 1.4.2 在屏幕上输出字符串

字符串就是多个字符的集合，由双引号" "或者单引号´ ´包围，例如：

"Hello World"

"Number is 198"

´广司警官网：http://www.gsj.com´

字符串中可以包含英文、数字、中文以及各种符号。print 输出字符串的格式如下：

print("字符串内容")

或者

print(´字符串内容´)

字符串要放在小括号( )中传递给 print，让 print 把字符串显示到屏幕上，这种写法在 Python 中被称为函数（Function）。

需要注意的是，引号和小括号都必须在英文半角状态下输入，而且 print 的所有字符都是小写。Python 是严格区分大小写的，print 和 Print 代表不同的含义。

print 用法举例：

```
print("Hello World!")                    #输出英文
print("Number is 198")                   #输出数字
print("广司警官网：http://www.gsj.com")    #输出中文
```

交互式环境中的操作过程如图 1-9 所示：

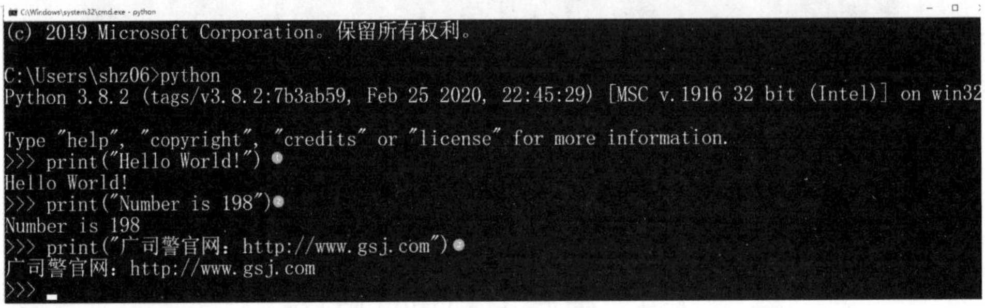

**图 1-9　交互式环境代码书写**

也可以将代码书写在一个文档中，如下：

第一步：在记事本上，编写程序，如图 1-10 所示。保存，命名为第一个 Python 程序，后缀名为 .py。

**图 1-10　在记事本上编写程序**

第二步：打开交互式环境，输入 python 第一个 Python 程序 .py，就可以看见执行结果，如图 1-11 所示。

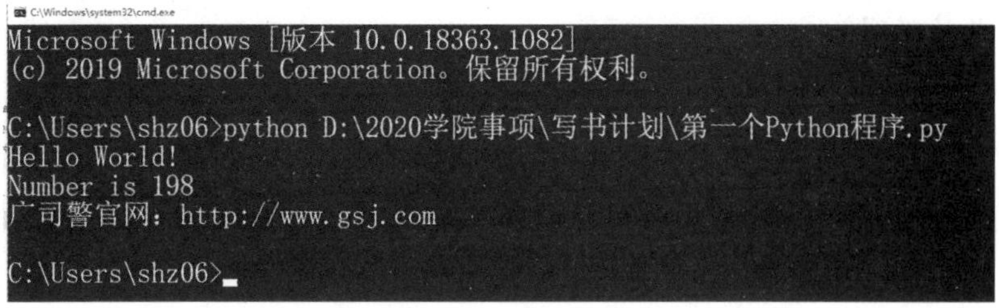

图 1-11　交互式环境执行 .py 文件

当然，我们也可以将多段文本放在一个 print 函数中：

```
print(
    "Hello World! "
    "Number is 198"
    "广司警官网:http://www.gsj.com"
);


print("Hello World! " "Python is great! " "Number is 198. ")


print(
    "Hello World! \n"
    "Number is 198\n"
    "广司警官网:http://www.gsj.com"
);
```

注意,同一个 print 函数的字符串之间不会自动换行,加上 \n 才能看到换行效果，如图 1-12 所示。

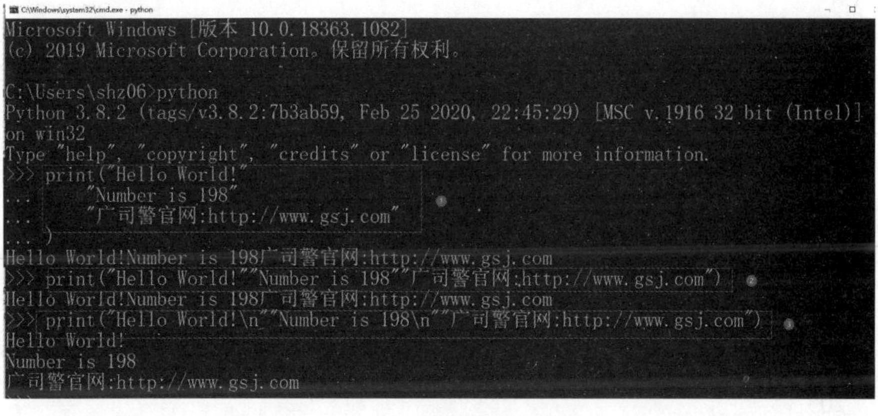

图 1-12　交互式环境换行

〔对分号的说明〕

有编程经验的读者应该知道，很多编程语言（比如 C 语言、C++、Java 等）都要求在语句的最后加上分号;，用来表示一个语句的结束。但是 Python 比较灵活，它不要求语句使用分号结尾，当然也可以使用分号，但这并没有实质的作用（除非同一行有更多的代码），而且这种做法也不是 Python 推荐的。

修改上面的代码，加上分号：

```
print(198);
print("Hello World! "); print("Python is good! ");
print("广司警官网: http://www.gsj.com ");
```

运行结果：

```
198
Hello World!
Python is good!
广司警官网: http://www.gsj.com
```

注意第 2 行代码，我们将两个 print 语句放在同一行，此时必须在第一个 print 语句最后加分号，否则会导致语法错误。

print 除了能输出字符串，还能输出数字，将数字或者数学表达式直接放在 print 中就可以输出，如下所示：

```
print( 100 )
print( 65 )
print( 100 + 12 )
print( 8 * (4 + 6) )
```

注意，输出数字时不能用引号包围，否则就变成了字符串。下面的写法就是一个反面教材，数学表达式会原样输出：

```
print("100 + 12")
```

运行结果是 100 + 12，而不是 112。

另外，和输出字符串不同，不能将多个数字放在一个 print 函数中。例如，下面的写法就是错误的：

```
print( 100 12 95 );
```

或者

```
print(
    80
    26
    205
);
```

### 1.4.3　总结

Python 程序的写法比较简单，直接书写功能代码即可，不用给它套上"外壳"。如果你有其他语言的基础，不妨看看下面分别使用 C 语言、Java 和 Python 输出 C 语言中文网的网址，对比感受一下。

使用 C 语言：

```
#include <stdio. h>
int main( )
{
puts("http://www. gsj. com");
return 0;
}
```

使用 Java：

```
public class HelloJava {
public static void main(String[ ] args) {
System. out. println("http://c. biancheng. net/");
}
}
```

使用 Python：

```
print ("http://c. biancheng. net/")
```

## 1.5　IDE 集成开发环境

IDE 是 Intergreated Development Environment 的缩写，中文称为集成开发环境，用来表示辅助程序员开发的应用软件，是它们的一个总称。通过前面章节的学习我们知道，运行 Python 语言程序必须有解释器。在实际开发中，除了运行程序必须的工具外，我们往往还需要很多其他辅助软件，例如语言编辑器、自动建立工具、除错器等。这些工具通常被打包在一起，统一发布和安装，例如 PythonWin、MacPython、PyCharm 等，它们被统称为集成开发环境（IDE）。因此可以这么说，集成开发环境就是一系列开发工具的组合套装。这就好比台式机，一个台式机的核心部件是主机，有了主机就能独立工作了，但是在购买台式机时，往往还要附带上显示器、键盘、鼠标、U 盘、摄像头等外围设备。因为只有主机太不方便了，必须有外设才能使用得起来。需要注意的是，虽然有一些 IDE 支持多种程序语言的开发（如 Eclipse、NetBeans、VS），但通常来说，IDE 主要还是针对某一特定的程序语言而量身打造的（如 VB）。一般情况下，程序员可选择的 IDE 类别很多，比如，用 Python 语言进行程序开发，既可以选用 Python 自带的 IDLE，也可以选择使用 PyCharm 和 Notepad++ 作为 IDE。并且，为了方便称呼，人们也常常会将集成开发环境称为编译器或编程软件。在本书中，主要使用 PyCharm 作为开发环境。

### 1.5.1 本节重点

- 掌握 PyCharm 开发工具的安装与使用
- 在 PyCharm 开发工具中运行自己的第一个程序

### 1.5.2 PyCharm 下载和安装教程

PyCharm 是 JetBrains 公司（www.jetbrains.com）研发的，用于开发 Python 的 IDE 开发工具。图 1-13 所示为 JetBrains 公司开发的多款开发工具，其中很多工具都好评如潮，这些工具可以编写 Python、C/C++、C#、DSL、Go、Groovy、Java、JavaScript、Objective-C、PHP 等编程语言。

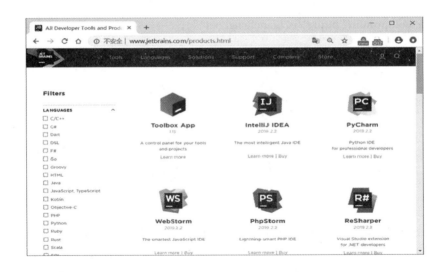

图 1-13　JetBrains 公司主页

进入 PyCharm 官方下载页面（如图 1-14 所示），可以看到 PyCharm 有 2 个版本，分别是 Professional（专业版）和 Community（社区版）。其中，专业版是收费的，可以免费试用 30 天；而社区版是完全免费的。

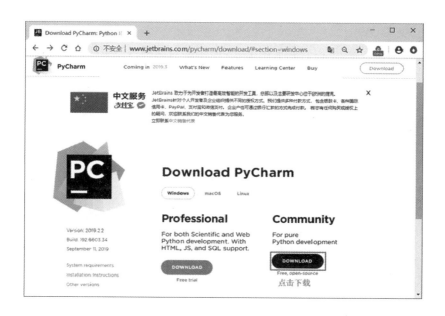

图 1-14　PyCharm 下载页面

　　强烈建议初学者使用社区版，更重要的是，该版本不会对学习 Python 产生任何影响。

　　根据图 1-14 所示点击"下载"按钮，等待下载完成。下载完成后，会得到一个 PyCharm 安装包（本节下载的是 pycharm-community-2019.2.2 版本）。双击打开下载的安装包，正式开始安装（如图 1-15 所示）。

图 1-15　PyCharm 安装步骤 1

直接选择 "Next"，可以看到如图 1-16 所示的对话框，设置 PyCharm 的安装路径，建议不要安装在系统盘（通常 C 盘是系统盘），这里选择安装到 E 盘。

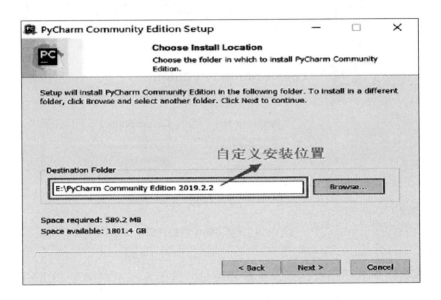

图 1-16　PyCharm 安装步骤 2

继续点击 "Next"，这里需要进行一些设置，可根据图 1-17 所示，自行选择需要的功能，若无特殊需求，按图中勾选即可。

图 1-17　PyCharm 安装步骤 3

　　继续点击"Next"，出现图 1-18 所示的对话框，这里选择默认即可，点击"Install"，并等待安装进度条达到 100%，PyCharm 就安装完成了。

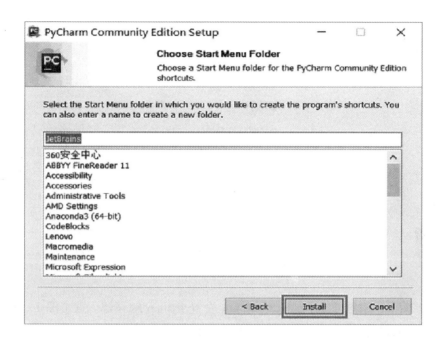

图 1-18　PyCharm 安装步骤 4

　　需要注意的是，首次启动 PyCharm，会自动进行配置 PyCharm 的过程（选择 PyCharm 界面显示风格等），可根据自己的喜好进行配置。由于配置过程非常简单，这里不再给出具体图示。用户也可以直接退出，表示全部选择默认配置。

### 1.5.3 PyCharm 配置 Python 解释器

　　PyCharm 安装完成之后，打开它会显示图 1-19 所示的界面：

图 1-19　PyCharm 配置步骤 1

　　在此界面中，用户可以手动给 PyCharm 设置 Python 解释器。点击图 1-19 所示的 Configure 选项，选择"Settings"，进入图 1-20 所示的界面。

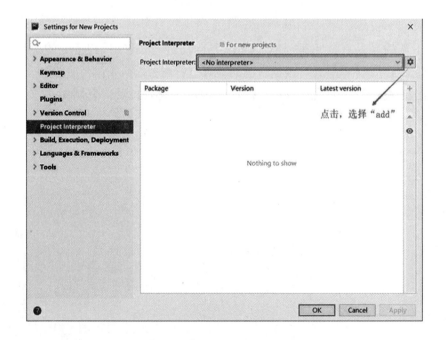

图 1-20　PyCharm 配置步骤 2

可以看到，"No interpreter"表示未设置 Python 解释器，这种情况下，可以按图 1-20 所示，点击设置按钮，选择"add"，此时会弹出图 1-21 所示的窗口。

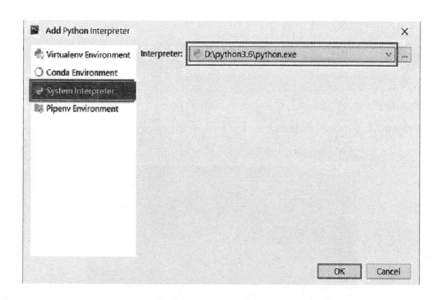

图 1-21 PyCharm 配置步骤 3

按照图 1-21 所示，选择"System Interpreter"（使用当前系统中的 Python 解释器），在右侧找到安装的 Python 目录，并找到 python.exe，然后选择"OK"。此时显示界面会自动跳到图 1-20 所示的界面，并显示出可用的解释器，如图 1-22 所示，再次点击"OK"。

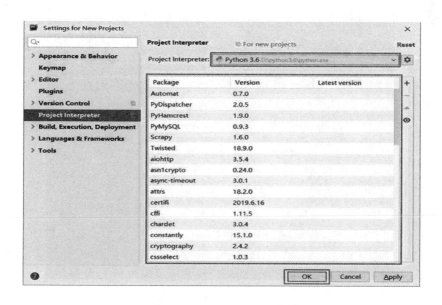

图 1-22 PyCharm 配置步骤 4

配置成功后，会再次回到图 1-19 所示的界面，由此就成功地给 PyCharm 设置好了 Python 解释器。

### 1.5.4 PyCharm 开发环境下第一个 Python 程序

我们理所当然地先写一个 Hello world，每一个新语言第一个程序总是如此，会给我们带来好运哦！

第一步，新建一个 Python 工程。File -> New Project（红色箭头修改项目名，黄色箭头选择 Python 语言，一般默认），如图 1-23 所示。

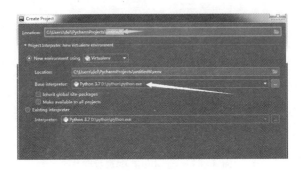

图 1-23　PyCharm 新建工程

第二步，新建一个文件。右键单击刚建好的项目，选择 New -> Python File，如图 1-24 所示。

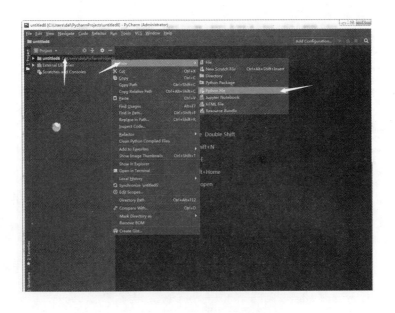

图 1-24　PyCharm 新建 py 文件

第三步，在新建的文件里输入文件名 hello world，输入代码：

print（"Hello world!"）

然后右键选择运行或者 Ctrl+Shift+F10 运行程序（如图 1-25 所示），运行结果如图 1-26 所示。

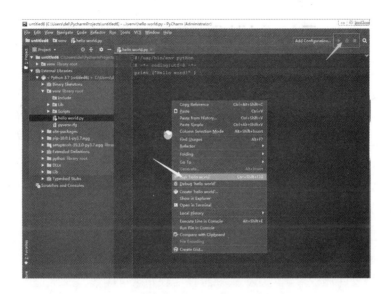

图 1-25  PyCharm 运行 .py 文件

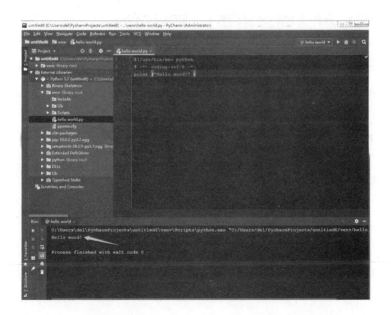

图 1-26  PyCharm 运行 .py 文件结果展示

以上就是 PyCharm 环境下的第一个 Python 程序的全部内容。

# 1.6   Python 注释

注释（Comments）用来向用户提示或解释某些代码的作用和功能，它可以出现在代码中的任何位置。Python 解释器在执行代码时会忽略注释，不做任何处理，就好像它不存在一样。在调试（Debug）程序的过程中，注释还可以用来临时移除无用的代码。注释的最大作用是提高程序的可读性，没有注释的程序简直就是天书，让人无法理解！很多程序员宁愿自己去开发一个应用程序，也不愿意去修改别人的代码，没有合理的注释便是一个重要的原因。虽然良好的代码可以自成文档，但我们永远不清楚今后阅读这段代码的人是谁，他是否和写代码者有相同的思路；或者一段时间以后，写代码者自己也可能不清楚当时写这段代码的目的了。一般情况下，合理的代码注释应该占源代码的 1/3 左右。

## 1.6.1 本节重点

- 掌握 Python 两种类型的注释，即单行注释和多行注释

## 1.6.2 单行注释

Python 使用井号#作为单行注释的符号，语法格式为：

# 注释内容

从井号#开始，直到这行结束为止的所有内容都是注释。Python 解释器遇到#时，会忽略它后面的整行内容。

说明多行代码的功能时一般将注释放在代码的上一行，例如：

1. #使用 print 输出字符串
2. print ("Hello World!")
3. print ("广司警")
4. print ("http://www.gsj.com")
5.
6. #使用 print 输出数字
7. print (100)
8. print ( 3 + 100 * 2)
9. print ( (3 + 100) * 2)

说明单行代码的功能时一般将注释放在代码的右侧，例如：

1. print ("http://www.gsj.com")                    #输出 gsj 官网地址

2. print（36.7 ＊ 14.5）　　　　　　　　#输出乘积

3. print（100 ％ 7）　　　　　　　　　#输出余数

### 1.6.3 多行注释

多行注释指的是一次性注释程序中多行的内容（包含一行）。Python 使用 3 个连续的单引号'''或者 3 个连续的双引号"""注释多行内容，具体格式如下：

1. '''

2. 使用 3 个单引号分别作为注释的开头和结尾

3. 可以一次性注释多行内容

4. 这里面的内容全部是注释内容

5. '''

或者

1. """

2. 使用 3 个双引号分别作为注释的开头和结尾

3. 可以一次性注释多行内容

4. 这里面的内容全部是注释内容

5. """

多行注释通常用来为 Python 文件、模块、类或者函数等添加版权或者功能描述信息，这些知识点在后面的章节都会讲到。

### 1.6.4 注意事项

（1）Python 多行注释不支持嵌套，所以下面的写法是错误的：

1. '''

2. 外层注释

3. '''

4. 内层注释

5. '''

6. '''

（2）不管是多行注释还是单行注释，当注释符作为字符串的一部分出现时，就不能再将它们视为注释标记，而应该将它们看作正常代码的一部分，例如：

1. print（'''Hello, World! '''）

2. print（"""http://www.gsj.com"""）

3. print（"#是单行注释的开始"）

运行结果：

Hello, World!

http://www.gsj.com

#是单行注释的开始

对于前 2 行代码，Python 没有将这里的 3 个引号看作是多行注释，而是将它们看作字符串的开始和结束标志。对于第 3 行代码，Python 也没有将#看作单行注释，而是将它看作字符串的一部分。

给代码添加说明是注释的基本作用，除此以外它还有另外一个实用的功能，就是用来调试程序。举个例子，如果你觉得某段代码可能有问题，可以先把这段代码注释起来，让 Python 解释器忽略这段代码，然后再运行。如果程序可以正常执行，则可以说明错误就是由这段代码引起的；反之，如果依然出现相同的错误，则可以说明错误不是由这段代码引起的。在调试程序的过程中使用注释可以缩小错误所在的范围，提高调试程序的效率。

# 1.7  Python 缩进规则

和其他程序设计语言（如 Java、C 语言）采用大括号 {} 分隔代码块不同，Python 采用代码缩进和冒号: 来区分代码块之间的层次。在 Python 中，对于类定义、函数定义、流程控制语句、异常处理语句等，行尾的冒号和下一行的缩进，表示下一个代码块的开始，而缩进的结束则表示此代码块的结束。注意，Python 中实现对代码的缩进，可以使用空格或者 Tab 键。但无论是手动敲空格，还是使用 Tab 键，通常情况下都是采用 4 个空格长度作为一个缩进量（默认情况下，一个 Tab 键就表示 4 个空格）。

### 1.7.1 本节重点

- 掌握 Python 缩进规则

### 1.7.2 Python 缩进规则

例如，下面这段 Python 代码中（涉及目前尚未学到的知识，初学者无需理解代码含义，只需体会代码块的缩进规则即可）：

```
1. height=float(input("输入身高:"))          #输入身高
2. weight=float(input("输入体重:"))          #输入体重
3. bmi=weight/(height*height)               #计算 BMI 指数
4.
5. #判断身材是否合理
6. if bmi<18.5:
```

7. #下面 2 行同属于 if 分支语句中包含的代码,因此属于同一作用域

8. 　　　　print ("BMI 指数为:"+str(bmi)) #输出 BMI 指数

9. 　　　　print ("体重过轻")

10. if bmi>=18.5 and bmi<24.9:

11. 　　　　print ("BMI 指数为:"+str(bmi)) #输出 BMI 指数

12. 　　　　print ("正常范围,注意保持")

13. if bmi>=24.9 and bmi<29.9:

14. 　　　　print ("BMI 指数为:"+str(bmi)) #输出 BMI 指数

15. 　　　　print ("体重过重")

16. if bmi>=29.9:

17. 　　　　print (BMI 指数为:"+str(bmi)) #输出 BMI 指数

18. 　　　　print ("肥胖")

Python 对代码的缩进要求非常严格,同一个级别代码块的缩进量必须一样,否则解释器会报 SyntaxError 异常错误。例如,对上述代码做错误改动,将位于同一作用域中的 2 行代码的缩进量分别设置为 4 个空格和 3 个空格,如下所示:

1. if bmi<18.5:

2. 　　　　print ("BMI 指数为:"+str(bmi)) #输出 BMI 指数

3. 　　　print ("体重过轻")

读者可以看到,第 2 行代码和第 3 行代码本来属于同一作用域,如果手动修改了各自的缩进量,就会导致异常错误,如图 1-27 所示。

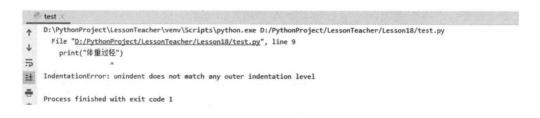

图 1-27　Python 缩进规则错误演示

## 1.8　Python 标识符命名规范

简单地理解,标识符就是一个名字,就像我们每个人都有属于自己的名字一样。它的主要作用就是作为变量、函数、类、模块以及其他对象的名称。

### 1.8.1 本节重点

- 掌握标识符命名规范

### 1.8.2 标识符命名规范

Python 中标识符的命名不是随意的，而是要遵守一定的命名规则，比如说：

（1）标识符是由字符（A~Z 和 a~z）、下划线和数字组成，但第一个字符不能是数字。

（2）标识符不能和 Python 中的保留字相同。有关保留字，后续章节会详细介绍。

（3）Python 中的标识符中不能包含空格、@ 、% 以及 $ 等特殊字符。

例如，下面所列举的标识符是合法的：

UserID

Name

mode12

user_age

以下命名的标识符不合法:

4word　　　　　#不能以数字开头

try　　　　　　#try 是保留字,不能作为标识符

$ money　　　　#不能包含特殊字符

（4）在 Python 中，标识符中的字母是严格区分大小写的，也就是说，两个同样的单词，如果大小格式不一样，代表的意义也是完全不同的。比如说，下面这 3 个变量就是完全独立、毫无关系的，它们彼此之间是相互独立的个体。

number = 0

Number = 0

NUMBER = 0

（5）Python 语言中，以下划线开头的标识符有特殊含义，例如：以单下划线开头的标识符（如_width），表示不能直接访问的类属性，其无法通过 from...import * 的方式导入；以双下划线开头的标识符（如_ _add）表示类的私有成员；以双下划线作为开头和结尾的标识符（如 _ _init_ _）是专用标识符。因此，除非特定场景需要，应避免使用以下划线开头的标识符。

另外需要注意的是，Python 允许使用汉字作为标识符，例如：

广司警官网 =http://www.gsj.com

但要尽量避免使用汉字作为标识符，这会避免遇到很多奇怪的错误。

### 1.8.3 注意事项

标识符的命名，除了要遵守以上这几条规则外，不同场景中的标识符，其名称也有一定的规范可循，例如：

（1）当标识符用作模块名时，应尽量短小，并且全部使用小写字母，可以使用下划线分割多个字母，例如 game_mian、game_register 等。

（2）当标识符用作包的名称时，应尽量短小，也全部使用小写字母，不推荐使用下划线，例如 com. mr、com. mr. book 等。

（3）当标识符用作类名时，应采用单词首字母大写的形式。例如，定义一个图书类，可以命名为 Book。

（4）模块内部的类名，可以采用 "下划线+首字母大写" 的形式，如_Book；

（5）函数名、类中的属性名和方法名，应全部使用小写字母，多个单词之间可以用下划线分割。

（6）常量命名应全部使用大写字母，单词之间可以用下划线分割。

有读者可能会问，如果不遵守这些规范会如何呢？答案是程序照样可以运行。但遵循以上规范的好处是，可以更加直观地了解代码所代表的含义。

## 1.9　Python 关键字

关键字，即保留字，是指 Python 语言中一些已经被赋予特定意义的单词，这就要求开发者在开发程序时，不能用这些保留字作为标识符给变量、函数、类、模板以及其他对象命名。

### 1.9.1 本节重点

● 理解 Python 关键字（保留字）

### 1.9.2 Python 关键字（保留字）一览表

Python 包含的保留字可以执行如下命令进行查看：
```
>>> import keyword
>>> keyword. kwlist
```
['False', 'None', 'True', 'and', 'as', 'assert', 'break', 'class', 'continue', 'def', 'del', 'elif', 'else', 'except', 'finally', 'for', 'from', 'global', 'if', 'import', 'in', 'is', 'lambda', 'nonlocal', 'not', 'or', 'pass', 'raise', 'return', 'try', 'while', 'with', 'yield']

所有的保留字，如表 1-1 所示：

表 1-1　Python 保留字一览表

| and | as | assert | break | class | continue |
|-----|-----|--------|-------|-------|----------|
| def | del | elif | else | except | finally |
| for | from | False | global | if | import |
| in | is | lambda | nonlocal | not | None |
| or | pass | raise | return | try | True |
| while | with | yield | | | |

需要注意的是，Python 是严格区分大小写的，保留字也不例外。所以，可以说 if 是保留字，但 IF 就不是保留字。在实际开发中，如果使用 Python 中的保留字作为标识符，则解释器会提示"invalid syntax"的错误信息。

# 1.10　单元总结

本学习单元对 Python 编程语言基础做了基本介绍，并搭建好开发环境，教读者写了第一个 Python 程序，这让读者对 Python 语言有了初步的了解，可以为后面的课程打下基础。

# 单元练习

一、选择题

1. 算法是指（　　）。

A. 数学的计算公式　　　　　　　　B. 程序设计语言的语句序列

C. 问题的精确描述　　　　　　　　D. 解决问题的精确步骤

2. 流程图中表示判断框的是（　　）。

A. 矩形框　　　　B. 菱形框　　　　C. 平行四边形框　　　　D. 椭圆形框

3. 下列关于程序设计语言的描述，正确的是（　　）。

A. 机器语言要通过编译才能被计算机接受

B. 早期人们使用机器语言编写计算机程序

C. 机器语言又被称为高级语言

D. 现在人们普遍使用机器语言编写计算机程序

4. Python 语言属于（　　）。

A. 机器语言　　B. 汇编语言　　　C. 高级语言　　　　D. 科学计算语言

5. 下列选项中，不属于 Python 特点的是（　　）。

A. 面向对象　　B. 运行效率高　　C. 可读性好　　　　D. 开源

6. Python 程序文件的扩展名是（　　　）。

A. .python　　　B. .pyt　　　　C. .pt　　　　　　D. .py

7. 以下叙述中正确的是（　　　）。

A. Python 3.x 与 Python 2.x 兼容

B. Python 语句只能以程序方式执行

C. Python 是解释型语言

D. Python 语言出现得晚，具有其他高级语言的一切优点

8. Python 语言语句块的标记是（　　　）。

A. 分号　　　　　B. 逗号　　　　C. 缩进　　　　　　D. /

9. Python 源程序执行的方式为（　　　）。

A. 编译执行　　B. 解析执行　　C. 直接执行　　　　D. 边编译边执行

10. 下面不是 Python 语言的合法命名的是（　　　）。

A. monthly　　　B. _Monthly3_　　C. monTHly　　　D. 3monthly

二、简答题

1. 计算机程序设计语言模型与人类自然语言模型有什么区别？

2. Python 语言有哪些优点和缺点？

3. 程序语言的编译器与解释器有什么区别？

4. 为什么要在程序中加入注释？怎样加？加入注释对程序的编译和运行有没有影响？

5. 缩写一个高级语言源程序有哪些基本步骤？

6. 简述编译型和解释型语言的区别，请列出你所知道的语言及其所属类型。

7. 执行 Python 脚本的方式是什么？

8. Python 单行注释和多行注释如何使用？

9. Python 命名规范有哪些？

10. Python 保留字有哪些？

# Python 变量类型和运算符

所有的编程语言都支持变量，Python 也不例外。变量是编程的起点，程序需要将数据存储到变量中。变量在 Python 内部是有类型的，比如 int、float 等，但是我们在编程时无需关注变量类型，所有的变量都无需提前声明，赋值后就能使用。另外，可以将不同类型的数据赋值给同一个变量，所以变量的类型是可以改变的。

本章的另一个重点内容是运算符，运算符将各种类型的数据连接在一起形成表达式。Python 的运算符丰富但不混乱，比如 Python 支持自增和自减运算符，但是它只支持一种形式，就是前自增和前自减，而取消了后自增和后自减，避免给程序员造成混乱。

## 2.1　Python 变量的定义和使用

### 2.1.1 本节重点

- 理解并掌握变量的定义
- 理解并掌握变量的使用

### 2.1.2 变量的定义

任何编程语言都需要处理数据，比如数字、字符串、字符等。我们可以直接使用数据，也可以将数据保存到变量中，方便以后使用。变量（Variable）可以被看成一个小箱子，专门用来"盛装"程序中的数据。每个变量都拥有独一无二的名字，我们通过变量的名字就能找到变量中的数据。从底层看，程序中的数据最终都要放到内存（内存条）中，变量其实就是这块内存的名字。和变量相对应的是常量（Constant），它们都是用来"盛装"数据的小箱子，不同的是：变量保存的数据可以被多次修改，而常量一旦保存某个数据之后就不能修改了。

### 2.1.3 Python 变量的赋值

在编程语言中，将数据放入变量的过程叫作赋值（Assignment）。Python 使用等号 =作为赋值运算符，具体格式为：

name = value

name 表示变量名；value 表示值，也就是要存储的数据。注意，变量是标识符的一种，它的名字不能随便起，要遵守 Python 标识符命名规范，还要避免和 Python 内置函数以及 Python 保留字重名。

例如，下面的语句将整数 10 赋值给变量 n：

n = 10

从此以后，n 就代表整数 10，使用 n 也就是使用 10。

更多赋值的例子：

1. pi = 3. 1415926　　　　　　　　　#将圆周率赋值给变量 pi

2. url = "http://www. gsj. com"　　　#将 GSj 网址赋值给变量 url

3. real = True　　　　　　　　　　　#将布尔值赋值给变量 real

变量的值不是一成不变的，它可以随时被修改，只要重新赋值即可；另外我们也不用关心数据的类型，可以将不同类型的数据赋值给同一个变量。如下例所示：

1. n = 10　　　　　　　　　　　　　#将 10 赋值给变量 n

2. n = 95　　　　　　　　　　　　　#将 95 赋值给变量 n

3. n = 200　　　　　　　　　　　　#将 200 赋值给变量 n

4. abc = 12. 5　　　　　　　　　　　#将小数赋值给变量 abc

5. abc = 85　　　　　　　　　　　　#将整数赋值给变量 abc

6. abc = "http://www. xiaoxi. com/"　#将字符串赋值给变量 abc

注意，变量的值一旦被修改，之前的值就被覆盖而不复存在了。换句话说，变量只能容纳一个值。

除了赋值单个数据，也可以将表达式的运行结果赋值给变量，例如：

1. sum = 100 + 20　　　　　　　　　#将加法的结果赋值给变量

2. rem = 25 ∗ 30 % 7　　　　　　　#将余数赋值给变量

3. str = "GSJ 网址" + "http://www. gsj. com/"　#将字符串拼接的结果赋值给变量

### 2.1.4 Python 变量的使用

使用 Python 变量时，只要知道变量的名字即可。

几乎在 Python 代码的任何地方都能使用变量，请看下面的交互式环境演示：

>>> n = 10

>>> print(n)　　　　　　　　#将变量传递给函数

```
10
>>> m = n * 10 + 5          #将变量作为四则运算的一部分
>>> print(m)
105
>>> print(m-30)             #将由变量构成的表达式作为参数传递给函数
75
>>> m = m * 2               #将变量本身的值翻倍
>>> print(m)
210
>>> url = "www.gsj.com/"
>>> str = "GSJ 网址:" + url  #字符串拼接
>>> print(str)
GSJ 网址:www.gsj.com/
```

### 2.1.5 Python 是弱类型的语言

在强类型的编程语言中，定义变量时要指明变量的类型，而且赋值的数据也必须是相同类型的，C 语言、C++、Java 是强类型语言的代表。下面以 C++ 为例来演示强类型语言中变量的使用：

1. int n = 10; //int 表示整数类型

2. n= 100;

3. n= "http://www.gsj.com"; //错误：不能将字符串赋值给整数类型

4.

5. url= " http://www.gsj.com "; //错误：没有指明类型的变量是没有定义的，不能使用。

和强类型语言相对应的是弱类型语言，Python、JavaScript、PHP 等脚本语言一般都是弱类型的。弱类型语言有两个特点：

（1）变量无须声明就可以直接赋值，对一个不存在的变量赋值就相当于定义了一个新变量。

（2）变量的数据类型可以随时改变，比如，同一个变量可以一会儿被赋值为整数，一会儿被赋值为字符串。

另外，还请注意，弱类型并不等于没有类型。弱类型是指在书写代码时不用刻意关注类型，但是在编程语言的内部仍然是有类型的。我们可以使用 type() 内置函数类检测某个变量或者表达式的类型，例如：

```
>>> num = 10
>>> type(num)
```

```
<class 'int'>
>>> num = 15.8
>>> type(num)
<class 'float'>
>>> num = 20 + 15j
>>> type(num)
<class 'complex'>
>>> type(3 * 15.6)
<class 'float'>
```

type 函数我们在后续章节会讲到,在这里,读者有所了解即可。

## 2.2　Python 整数类型(int)

### 2.2.1 本节重点

● 理解并掌握 int 数据类型的使用

### 2.2.2 Python 整数类型的定义

整数就是没有小数部分的数字,Python 中的整数包括正整数、0 和负整数。有些强类型的编程语言会提供多种整数类型,每种类型的长度都不同,能容纳的整数的大小也不同,开发者要根据实际数字的大小选用不同的类型。例如 C 语言提供了 short、int、long、long long 四种类型的整数,它们的长度依次递增。初学者在选择整数类型时往往比较迷惑,有时候选择不合适还会导致数值溢出。而 Python 则不同,它的整数不分类型,或者说它只有一种类型的整数。Python 整数的取值范围是无限的,不管多大或者多小的数字,Python 都能轻松处理。

### 2.2.3 Python 整数类型处理能力

Python 对整数的处理能力非常强大。请看下面的代码:

```
1. #将 78 赋值给变量 n
2. n = 78
3. print (n)
4. print ( type(n) )
5.
6. #给 x 赋值一个很大的整数
7. x = 88888888888888888888
```

8. print（x）

9. print（type(x)）

10.

11.#给 y 赋值一个很小的整数

12. y= −7777777777777777777777

13. print（y）

14. print（type(y)）

运行结果:

78

<class 'int'>

888888888888888888888

<class 'int'>

−7777777777777777777777

<class 'int'>

从上述代码结果可见,x 是一个极大的数字，y 是一个很小的数字，Python 对它们都能正确输出，不会发生溢出，这说明 Python 对整数的处理能力非常强大。不管对于多大或者多小的整数，Python 只用一种类型存储，就是 int。

### 2.2.4 整数的不同进制

在 Python 中，可以使用多种进制来表示整数:

（1）十进制形式。我们平时常见的整数就是十进制形式，它由 0~9 共十个数字排列组合而成。注意，使用十进制形式的整数不能以 0 作为开头，除非这个数值本身就是 0。

（2）二进制形式。由 0 和 1 两个数字组成，书写时以 0b 或 0B 开头。例如，101 对应十进制数是 5。

（3）八进制形式。八进制整数由 0~7 共八个数字组成，以 0o 或 0O 开头。注意，第一个符号是数字 0，第二个符号是大写或小写的字母 O。

（4）十六进制形式。由 0~9 十个数字以及 A~F（或 a~f）六个字母组成，书写时以 0x 或 0X 开头。

【实例】不同进制整数在 Python 中的使用:

1.#十六进制

2. hex1= 0x45

3. hex2= 0x4Af

4. print（"hex1Value: ", hex1）

5. print（"hex2Value: ", hex2）

6.

7. #二进制

8. bin1 = 0b101

9. print ('bin1Value: ', bin1)

10.　　　　bin2 = 0B110

11.　　　　print ('bin2Value: ', bin2)

12.

13.　　　　#八进制

14.　　　　oct1 = 0o26

15.　　　　print ('oct1Value: ', oct1)

16.　　　　oct2 = 0O41

17.　　　　print ('oct2Value: ', oct2)

运行结果:

hex1Value:　　69

hex2Value:　　1199

bin1Value:　　5

bin2Value:　　6

oct1Value:　　22

oct2Value:　　33

本例的输出结果都是十进制整数.

### 2.2.5 数字分隔符

为了提高数字的可读性, Python 3.x 允许使用下划线_作为数字（包括整数和小数）的分隔符。通常每隔 3 个数字添加一个下划线, 类似于英文数字中的逗号。下划线不会影响数字本身的值。

【实例】使用下划线书写数字:

1. click = 1_301_547

2. distance = 384_000_000

3. print ("Python 教程阅读量:", click)

4. print ("地球和月球的距离:", distance)

运行结果:

Python 教程阅读量: 1301547

地球和月球的距离: 384000000

## 2.3　Python 浮点数类型（float）

### 2.3.1 本节重点

- 理解并掌握 float 数据类型的使用

### 2.3.2 Python 浮点数类型的定义

在编程语言中，小数通常以浮点数的形式存储。浮点数和定点数是相对的：小数在存储过程中如果小数点发生移动，就称为浮点数；如果小数点不动，就称为定点数。

### 2.3.3 Python 浮点数类型的两种形式

Python 中的小数有两种书写形式：

（1）十进制形式。这种就是我们平时看到的小数形式，例如 34.6、346.0、0.346。书写小数时必须包含一个小数点，否则会被 Python 当作整数处理。

（2）指数形式。Python 小数的指数形式的写法为：

aEn 或 aen

其中 a 为尾数部分，是一个十进制数；n 为指数部分，是一个十进制整数；E 或 e 是固定的字符，用于分割尾数部分和指数部分。整个表达式等价于 $a×10^n$。

指数形式的小数举例如下：

2.1E5 = $2.1×10^5$，其中 2.1 是尾数，5 是指数。

3.7E-2 = $3.7×10^{-2}$，其中 3.7 是尾数，-2 是指数。

0.5E7 = $0.5×10^7$，其中 0.5 是尾数，7 是指数。

注意，只要写成指数形式就是小数，即使它的最终值看起来像一个整数。例如 14E3 等价于 14 000，但 14E3 是一个小数。

Python 只有一种小数类型，就是 float。但 C 语言有两种小数类型，分别是 float 和 double：float 能容纳的小数范围比较小，double 能容纳的小数范围比较大。

### 2.3.4 示例演示

【实例】小数在 Python 中的使用：

1. f1 = 12.5
2. print ("f1Value: ", f1)
3. print ("f1Type: ", type(f1))
4.
5. f2 = 0.34557808421257003

6. print ("f2Value: ", f2)

7. print ("f2Type: ", type(f2))

8.

9. f3 = 0.00000000000000000000000000847

10. print ("f3Value: ", f3)

11. print ("f3Type: ", type(f3))

12.

13. f4 = 34567974513245678732452453.45006

14. print ("f4Value: ", f4)

15. print ("f4Type: ", type(f4))

16.

17. f5 = 12e4

18. print ("f5Value: ", f5)

19. print ("f5Type: ", type(f5))

20.

21. f6 = 12.3 * 0.1

22. print ("f6Value: ", f6)

23. print ("f6Type: ", type(f6))

运行结果:

f1Value:　　12.52

f1Type:　　<class 'float'>

f2Value:　　0.34557808421257

f2Type:　　<class 'float'>

f3Value:　　8.47e-26

f3Type:　　<class 'float'>

f4Value:　　3.456797451324568e+26

f4Type:　　<class 'float'>

f5Value:　　120000.0

f5Type:　　<class 'float'>

f6Value:　　1.2300000000000002

f6Type:　　<class 'float'>

从运行结果可以看出,Python 能容纳极小和极大的浮点数。print 在输出浮点数时,会根据浮点数的长度和大小适当地舍去一部分数字,或者采用科学计数法。f5 的值是 120 000,但是它依然是小数类型,而不是整数类型。

让人感到奇怪的是 f6,12.3 * 0.1 的计算结果很明显是 1.23,但是 print 的输出却不精确。这是因为小数在内存中是以二进制形式存储的，小数点后面的部分在转换成二进制时很有可能是一串无限循环的数字，无论如何都不能精确表示，所以小数的计算结果一般都是不精确的。有兴趣的读者可以查阅相关材料进行深度了解。

# 2.4 Python 复数类型（complex）

### 2.4.1 本节重点

- 理解并掌握 complex 数据类型的使用

### 2.4.2 复数类型

复数（Complex）是 Python 的内置类型，直接书写即可。换句话说，Python 语言本身就支持复数，而不依赖于标准库或者第三方库。复数由实部（real）和虚部（imag）构成，在 Python 中，复数的虚部以 j 或者 J 作为后缀，具体格式为：

a + bj

a 表示实部，b 表示虚部。

【实例】Python 复数的使用：

```
1. c1 = 12 + 0.2j
2. print ("c1Value: ", c1)
3. print ("c1Type", type(c1))
4.
5. c2 = 6 - 1.2j
6. print ("c2Value: ", c2)
7.
8. #对复数进行简单计算
9. print ("c1+c2: ", c1+c2)
10. print ("c1 * c2: ", c1 * c2)
```

运行结果：

c1Value:　　(12+0.2j)

c1Type <class 'complex'>

c2Value:　　(6-1.2j)

c1+c2:　　(18-1j)

c1 * c2:　　(72.24-13.2j)

上述程序可以使用 PyCharm 软件开发环境撰写，可以发现，复数在 Python 内部的类型是 complex，Python 默认支持对复数的简单计算。

# 2.5　Python 字符串类型（string）

### 2.5.1 本节重点

● 理解并掌握 string 数据类型的使用

### 2.5.2 字符串类型

若干个字符的集合就是一个字符串（string）。Python 中的字符串必须由双引号" "或者单引号"包围，具体格式为：

"字符串内容"

或

'字符串内容'

字符串的内容可以包含字母、标点、特殊符号、中文、日文等全世界的所有文字。以下都是合法的字符串：

"123789"

"123abc"

"http://www.gsj.com"

"广司警已经 30 多岁了"

Python 字符串中的双引号和单引号没有任何区别。而有些编程语言中的双引号字符串可以解析变量，单引号字符串一律原样输出，例如 PHP 和 JavaScript。

### 2.5.3 字符串引号详解

当字符串内容中出现引号时，我们需要进行特殊处理，否则 Python 会解析出错，例如：

'I'm a gsj student！'

由于上面字符串中包含了单引号，此时 Python 会将字符串中的单引号与第一个单引号配对，这样就会把'I'当成字符串，而！后面的单引号就变成了多余的内容，从而导致语法错误。

对于这种情况，有以下两种处理方案：

（1）对引号进行转义。在引号前面添加反斜杠\就可以对引号进行转义，让 Python 把它作为普通文本对待，例如：

1. str1 = 'I\'m a gsj student！'

2. str2 = "引文双引号是\"，中文双引号是""

3. print（str1）

4. print (str2)

运行结果:

I'm a great coder!

引文双引号是",中文双引号是"

（2）使用不同的引号包围字符串。如果字符串内容中出现了单引号，那么我们可以使用双引号包围字符串，反之亦然。例如：

1. str1 = "I'm a gsj student! "　　　　　　#使用双引号包围含有单引号的字符串

2. str2 = '引文双引号是",中文双引号是"'　　#使用单引号包围含有双引号的字符串

3. print (str1)

4. print (str2)

运行结果和上面相同。

### 2.5.4 字符串的换行

Python 不是格式自由的语言，它对程序的换行、缩进都有严格的语法要求。要想换行书写一个比较长的字符串，必须在行尾添加反斜杠\，请看下面的例子：

1. s2 = '我开始学习 Python 语言编程已经快三周的时间了,遇到了一些问题. \

2. 请给我多一些支持吧. \

3. 我会好好努力的.'

上面 s2 字符串比较长，所以使用了转义字符\对字符串内容进行了换行，这样就可以把一个长字符串写成多行。

另外，Python 也支持表达式的换行，例如：

1. num = 20 + 3 / 4 + \

2. 2 * 3

3. print (num)

上述 num 的结果是多少呢？尝试编写，看结果是否如你所想。

### 2.5.5 Python 长字符串

在本书第 1.6 节中，使用 3 个单引号或者双引号可以对多行内容进行注释，这其实是 Python 长字符串的写法。所谓长字符串，就是可以直接换行（不用加反斜杠\）书写的字符串。

Python 长字符串由 3 个双引号"""或者 3 个单引号'''包围,语法格式如下：

"""长字符串内容"""

'''长字符串内容'''

在长字符串中放置单引号或者双引号不会导致解析错误。如果长字符串没有赋值给任何变量，那么这个长字符串就不会起到任何作用，和一段普通的文本无异，相当于

被注释掉了。

　　注意，此时 Python 解释器并不会忽略长字符串，也会按照语法解析，只是长字符串起不到实际作用而已。当程序中有大段文本内容需要定义成字符串时，优先推荐使用长字符串形式，因为这种形式非常强大，可以在字符串中放置任何内容，包括单引号和双引号。

　　【实例】将长字符串赋值给变量：

1. longstr = '''大家好，我是广司警的一名学生，我很喜欢编程，我在努力学习 Python.

2. 很希望大家可以给我信心让我继续坚持学习.

3. Python 语言很难，在下面这个网址有很多的学习材料.

4. www. gsj. com. '''

5. print (longstr)

长字符串中的换行、空格、缩进等空白符都会原样输出，所以不能写成下面的样子：

1. longstr = '''

2. 　　　大家好，我是广司警的一名学生，我很喜欢编程，我在努力学习 Python

3. 　　　很希望大家可以给我信心让我继续坚持学习.

4. 　　　Python 语言很难，在下面这个网址有很多的学习材料 www. gsj. com.

5. 　　　'''

6. print (longstr)

虽然这样写格式优美，但是输出结果将变成：


大家好，我是广司警的一名学生，我很喜欢编程，我在努力学习 Python

很希望大家可以给我信心让我继续坚持学习.

Python 语言很难，在下面这个网址有很多的学习材料 www. gsj. com.


字符串内容前后多出了两个空行，并且每一行的前面会多出四个空格。

### 2.5.6 Python 原始字符串

　　Python 字符串中的反斜杠\有着特殊的作用，就是转义字符，例如上面提到的\'和\"。转义字符有时候会带来一些麻烦，例如要表示一个包含 Windows 路径 D: \Program Files\Python 3. 8\python. exe 的字符串，在 Python 程序中直接这样写肯定是不行的，不管是普通字符串还是长字符串。因为\的特殊性，我们需要对字符串中的每个\都进行转义，也就是写成 D: \\Program Files\\Python 3. 8\\python. exe 这种形式才可。这种写法需要特别谨慎，稍有疏忽就会出错。为了解决转义字符的问题，Python 支持原始字符串。在原始字符串中，\不会被当作转义字符，所有的内容都保持"原汁原味"的样子。

在普通字符串或者长字符串的开头加上 r 前缀，就变成了原始字符串，具体格式为：

str1 = r'原始字符串内容'

str2 = r"""原始字符串内容"""

将上面的 Windows 路径改写成原始字符串的形式：

1. rstr= r'D:\Program Files\Python 3.8\python.exe'

2. print (rstr)

如果普通格式的原始字符串中出现引号，程序同样需要对引号进行转义，否则 Python 照样无法对字符串的引号精确配对；但是和普通字符串不同的是，此时用于转义的反斜杠会变成字符串内容的一部分。

请看下面的代码：

1. str1 = r'I\'m a great coder! '

2. print (str1)

运行结果：

I\'m a great coder!

需要注意的是，Python 原始字符串中的反斜杠仍然会对引号进行转义，因此原始字符串的结尾处不能是反斜杠，否则字符串结尾处的引号会被转义，导致字符串不能正确结束。在 Python 中有两种方式解决这个问题：一种方式是改用长字符串的写法，不要使用原始字符串；另一种方式是单独书写反斜杠，这是接下来要重点说明的。

例如想表示 D:\Program Files\Python 3.8\，可以这样写：

1. str1 = r'D:\Program Files\Python 3.8'"\\'

2. print (str1)

我们先写了一个原始字符串 r'D:\Program Files\Python 3.8'，紧接着又使用'\\'写了一个包含转义字符的普通字符串，Python 会自动将这两个字符串拼接在一起，所以上述代码的输出结果是：

D:\Program Files\Python 3.8\

这种写法涉及字符串拼接的相关知识，读者只需要了解即可，后续会对字符串拼接做详细介绍。

## 2.6　Python bytes 类型

### 2.6.1 本节重点

- 理解并掌握 bytes 类型的使用

### 2.6.2 Python bytes 类型详解

Python bytes 类型用来表示一个字节串。"字节串"不是编程术语，是本书编者"捏造"的一个词，用来和字符串相呼应。

bytes 是 Python 3.x 新增的类型，在 Python 2.x 中是不存在的。Python 2 是早期版本，2020 年正式停止更新。

字节串（bytes）和字符串（string）的对比：①字节串由若干个字节组成，以字节为单位进行操作；字符串由若干个字符组成，以字符为单位进行操作。②字节串和字符串除了操作的数据单元不同之外，它们支持的所有方法都基本相同。③字节串和字符串都是不可变序列，不能随意增加和删除数据。

bytes 只负责以字节序列的形式（二进制形式）来存储数据，至于这些数据到底表示什么内容（字符串、数字、图片、音频等），完全由程序的解析方式决定。如果采用合适的字符编码方式（字符集），字节串可以恢复成字符串；反之亦然，字符串也可以转换成字节串。

简单地说，bytes 只是简单地记录内存中的原始数据，至于如何使用这些数据，bytes 不作约束。bytes 类型的数据非常适合在互联网上传输，可以用于网络通信编程，也可以用来存储图片、音频、视频等二进制格式的文件。

字符串和 bytes 存在着千丝万缕的联系，可以通过字符串来创建 bytes 对象，或者说将字符串转换成 bytes 对象。以下三种方法可以达到这个目的：

（1）如果字符串的内容都是 ASCII 字符，那么直接在字符串前面添加 b 前缀就可以转换成 bytes。

（2）bytes 是一个类，调用它的构造方法，也就是 bytes()，可以将字符串按照指定的字符集转换成 bytes；如果不指定字符集，那么默认采用 UTF-8。

（3）字符串本身有一个 encode() 方法，该方法专门用来将字符串按照指定的字符集转换成对应的字节串；如果不指定字符集，那么默认采用 UTF-8。

类的概念后面的章节会详细讲到，关于 UTF-8 编码格式，大家可以查阅相关的资料掌握不同的编码方式。下面的实例细节可以不用深究，在开发环境中复现结果，理解本节内容即可。

【实例】使用不同方式创建 bytes 对象：

```
1. #通过构造函数创建空 bytes
2. b1 = bytes()
3. #通过空字符串创建空 bytes
4. b2 = b''
5.
6. #通过 b 前缀将字符串转换成 bytes
```

7. b3 = b'http://www.gsj.com'

8. print ("b3: ", b3)

9. print (b3[3])

10.     print (b3[7: 22])

11.

12. #为 bytes() 方法指定字符集

13. b4 = bytes('广司警30 多岁了', encoding = 'UTF-8')

14. print ("b4: ", b4)

15.

16. #通过 encode() 方法将字符串转换成 bytes

17. b5 = "我也20 多岁了".encode('UTF-8')

18. print ("b5: ", b5)

运行结果:

b3:   b'http://www.gsj.com'

112

b'www.gsj.com'

b4:   b'\xe5\xb9\xbf\xe5\x8f\xb8\xe8\xad\xa630\xe5\xa4\x9a\xe5\xb2\x81\xe4\xba\x86'

b5:   b'\xe6\x88\x91\xe4\xb9\x9f20\xe5\xa4\x9a\xe5\xb2\x81\xe4\xba\x86'

从运行结果可以发现,对于非 ASCII 字符,print 输出的是它的字符编码值 (十六进制形式),而不是字符本身。非 ASCII 字符一般占用两个字节以上的内存,而 bytes 是按照单个字节来处理数据的,所以不能一次处理多个字节。

bytes 类也有一个 decode() 方法,通过该方法我们可以将 bytes 对象转换为字符串。紧接上面的程序,添加以下代码:

1. #通过 decode() 方法将 bytes 转换成字符串

2. str1 = b5.decode('UTF-8')

3. print ("str1: ", str1)

大家可以尝试编写上述代码,这段代码的执行结果是什么?

本节内容涉及进制转换、字符编码等知识,建议读者查阅相关资料补充知识点。

## 2.7   Python bool 布尔类型

### 2.7.1 本节重点

- 理解并掌握 bool 类型的使用

### 2.7.2 布尔类型

Python 提供了 bool 类型来表示真（对）或假（错），比如常见的 5 > 3 比较算式，这个是正确的，在程序世界里我们称之为真（对），Python 使用 True 来代表；再比如 4 > 20 比较算式，这个是错误的，在程序世界里我们称之为假（错），Python 使用 False 来代表。

True 和 False 是 Python 中的关键字，当作为 Python 代码输入时，一定要注意字母的大小写，否则解释器会报错。

值得一提的是，布尔类型可以被当作整数来对待，即 True 相当于整数值 1，False 相当于整数值 0。因此，下边这些运算都是可以的：

```
>>> False+1
1
>>> True+1
2
```

注意，这里只是为了说明 True 和 False 对应的整型值，在实际应用中这样使用是不妥的。总的来说，bool 类型就是用于代表某个事情的真（对）或假（错）。如果这个事情是正确的，用 True（或 1）代表；如果这个事情是错误的，用 False（或 0）代表。

【实例】演示：

```
>>> 5>3
True
>>> 4>20
False
```

在 Python 中，所有的对象都可以进行真假值的测试，包括字符串、元组、列表、字典、对象等。在此不做过多讲述，后续遇到时会做详细的介绍。

## 2.8　程序交互之 Python input() 函数

### 2.8.1 本节重点

- 掌握如何让程序读取用户输入

### 2.8.2 读取用户输入

input() 是 Python 的内置函数，用于从控制台读取用户输入的内容。input() 函数总是以字符串的形式来处理用户输入的内容，所以用户输入的内容可以包含任何字符。

input() 函数的用法为：

str = input(tipmsg)

说明：

（1）str 表示一个字符串类型的变量，input 会将读取到的字符串放入 str 中。

（2）tipmsg 表示提示信息，它会显示在控制台上，告诉用户应该输入什么样的内容；如果不写 tipmsg，就不会有任何提示信息。

【实例】input() 函数的简单使用：

1. a = input("Enter a number: ")

2. b = input("Enter another number: ")

3.

4. print ("aType: ", type(a))

5. print ("bType: ", type(b))

6.

7. result = a + b

8. print ("resultValue: ", result)

9. print ("resultType: ", type(result))

运行结果示例：

Enter a number: 100↙

Enter another number: 45↙

aType:    <class 'str'>

bType:    <class 'str'>

resultValue:    10045

resultType:    <class 'str'>

↙表示按下回车键，按下回车键后 input() 读取就结束了。

本例中我们输入了两个整数，希望计算出它们的和，但是事与愿违，Python 只是把它们当成了字符串，+起到了拼接字符串的作用，而不是求和的作用。

我们可以使用 Python 内置函数将字符串转换成想要的类型，比如：①int(string) 将字符串转换成 int 类型；②float(string) 将字符串转换成 float 类型；③bool(string) 将字符串转换成 bool 类型。

修改上面的代码，将用户输入的内容转换成数字：

1. a = input("Enter a number: ")

2. b = input("Enter another number: ")

3. a = float(a)

4. b = int(b)

5. print ("aType: ", type(a))

6. print ("bType: ", type(b))

7.

8. result = a + b

9. print ("resultValue: ", result)

10.　　 print("resultType: ", type(result))

运行结果:

Enter a number: 12.5↙

Enter another number: 64↙

aType:　　<class 'float'>

bType:　　<class 'int'>

resultValue:　　76.5

resultType:　　<class 'float'>

## 2.9　程序交互之 Python print()函数高级用法

### 2.9.1 本节重点

- 掌握如何使用 print()函数

### 2.9.2 Python print()函数高级用法

前面使用 print() 函数时, 都只输出了一个变量, 但实际上 print() 函数完全可以同时输出多个变量, 而且它还具有更多丰富的功能。

print() 函数的详细语法格式如下:

print (value, ..., sep ='', end ='\n', file = sys. stdout, flush = False)

从上面的语法格式可以看出, value 参数可以接受任意多个变量或值, 因此 print() 函数完全可以输出多个值。如下代码所示:

1. user_name = 'MAIXI'

2. user_age = 3

3. #同时输出多个变量和字符串

4. print("读者名: ", user_name, "年龄: ", user_age)

运行上面代码, 可以看到如下输出结果:

读者名: MAIXI 年龄: 3

从输出结果来看, 使用 print() 函数输出多个变量时, print() 函数默认以空格隔开多个变量, 如果读者希望改变默认的分隔符, 可通过 sep 参数进行设置。例如输出语句:

1. #同时输出多个变量和字符串,指定分隔符

2. print ("读者名:" , user_name, "年龄:", user_age, sep ='| ')

再次运行上面代码，可以看到如下输出结果：

读者名: | MAIXI | 年龄: | 3

在默认情况下，print() 函数输出之后总会换行，这是因为 print() 函数的 end 参数的默认值是 "\n"，这个 "\n" 就代表了换行。如果希望 print() 函数输出之后不会换行，则重设 end 参数即可，如下代码所示：

\#设置 end 参数,指定输出之后不再换行

print(40, '\t', end ="")

print(50, '\t', end ="")

print(60, '\t', end ="")

上面三条 print() 语句会执行三次输出，但由于它们都指定了 end="",因此每条 print() 语句的输出都不会换行，依然位于同一行。运行上面代码，可以看到如下输出结果：

40      50      60

file 参数指定 print() 函数的输出目标，file 参数的默认值为 sys. stdout，该默认值代表了系统标准输出，也就是屏幕，因此 print() 函数默认输出到屏幕。实际上，完全可以通过改变该参数让 print() 函数输出到特定文件中，如下代码所示：

1. f= open("demo. txt", "w")#打开文件以便写入

2. print ('飞流直下三千尺', file=f)

3. print ('疑是银河落九天', file=f)

4. f. close()

上面程序中，open() 函数用于打开 demo. txt 文件，接连 2 个 print 函数会将这 2 段字符串依次写入此文件，最后调用 close() 函数关闭文件。读者若对这段代码有疑问，可以在学习完后续文件操作章节之后再回来阅读。

print() 函数的 flush 参数用于控制输出缓存，该参数一般保持为 False 即可，这样可以获得较好的性能。

# 2.10  格式化输出

### 2.10.1 本节重点

- 掌握 Python 格式化字符串

### 2.10.2 转换说明符

我们在前面的章节中已经讲过 print() 函数的用法，除此之外，print() 还有很多更

高阶的用法，比如格式化输出，这就是本节要讲解的内容。

表 2-1  Python 转换说明符

| 转换说明符 | 解　释 |
| --- | --- |
| %d、%i | 转换为带符号的十进制整数 |
| %o | 转换为带符号的八进制整数 |
| %x、%X | 转换为带符号的十六进制整数 |
| %e | 转换为科学计数法表示的浮点数（e 小写） |
| %E | 转化为科学计数法表示的浮点数（E 大写） |
| %f、%F | 转化为十进制浮点数 |
| %g | 智能选择使用%f 或%e 格式 |
| %G | 智能选择使用%F 或%E 格式 |
| %c | 格式化字符及其 ASCII 码 |
| %r | 使用 repr()函数将表达式转换为字符串 |
| %s | 使用 str()函数将表达式转换为字符串 |

print() 函数使用以%开头的转换说明符对各种类型的数据进行格式化输出，具体见表 2-1。

转换说明符（Conversion Specifier）只是一个占位符，它会被后面表达式（变量、常量、数字、字符串、加减乘除等各种形式）的值代替。

【实例】输出一个整数：

1. age = 3

2. print ("小熙已经%d 岁了!" % age)

运行结果：

小熙已经 3 岁了!

在 print() 函数中，被引号包围的是格式化字符串，它相当于一个字符串模板，可以放置一些转换说明符（占位符）。本例的格式化字符串中包含一个%d 说明符，它最终会被后面的 age 变量的值所替代。中间的%是一个分隔符，它前面是格式化字符串，后面是要输出的表达式。当然，格式化字符串中也可以包含多个转换说明符，这个时候也得提供多个表达式，用以替换对应的转换说明符；多个表达式必须使用小括号()包围起来。请看以下示例：

1. name = "MAIXI"

2. age = 3

3. home = "Guangzhou"

4. print ("%s 已经%d 岁了,它的家乡是%s." % (name, age, home))

运行结果:

MAIXI 已经 3 岁了,它的家乡是 Guangzhou.

总之,有几个占位符,后面就得跟着几个表达式。

### 2.10.3 指定最小输出宽度

当使用表 2-1 中的转换说明符时,可以使用下面的格式指定最小输出宽度(至少占用多少个字符的位置):

(1)%10d 表示输出的整数宽度至少为 10;

(2)%20s 表示输出的字符串宽度至少为 20。

请看下面的演示:

1. n = 1234567

2. print ("n(10): %10d." % n)

3. print ("n(5): %5d." % n)

4.

5. url = "http://www.gsj.com/"

6. print ("url(35): %35s." % url)

7. print ("url(20): %20s." % url)

运行结果:

n(10):    1234567.

n(5): 1234567.

url(35):                     http://www.gsj.com/.

url(20): http://www.gsj.com/.

从运行结果可以发现,对于整数和字符串,当数据的实际宽度小于指定宽度时,会在左侧以空格补齐;当数据的实际宽度大于指定宽度时,会按照数据的实际宽度输出。这里指定的只是最小宽度,当数据的实际宽度足够时,指定的宽度就没有实际意义了。

### 2.10.4 指定对齐方式

默认情况下,print()输出的数据总是右对齐的。也就是说,当数据不够宽时,数据总是靠右边输出,而在左边补充空格以达到指定的宽度。Python 允许在最小宽度之前增加一个标志来改变对齐方式,Python 支持的标志如表 2-2 所示:

表 2-2　Python 支持的标志

| 标　志 | 说　明 |
|---|---|
| − | 指定左对齐 |
| + | 表示输出的数字总要带着符号；正数带+，负数带− |
| 0 | 表示宽度不足时补充 0，而不是补充空格 |

以下是几点说明：

（1）对于整数，指定左对齐时，在右边补 0 是没有效果的，因为这样会改变整数的值。

（2）对于小数，以上三个标志可以同时存在。

（3）对于字符串，只能使用−标志，因为符号对于字符串没有意义，而补 0 会改变字符串的值。

请看以下示例：

1. n = 123456
2. # %09d 表示最小宽度为 9，左边补 0
3. print("n(09): %09d" % n)
4. # %+9d 表示最小宽度为 9，带上符号
5. print("n(+9): %+9d" % n)
6.
7. f= 140.5
8. # %−+010f 表示最小宽度为 10，左对齐，带上符号
9. print("f(−+0): %−+010f" % f)
10.
11. s= "Hello"
12. # %−10s 表示最小宽度为 10，左对齐
13. print("s(−10): %−10s." % s)

运行结果：

n(09): 000123456

n(+9):　+123456

f(−+0): +140.500000

s(−10): Hello　　　.

### 2.10.5 指定小数精度

对于小数（浮点数），print() 还允许指定小数点后的数字位数，也即指定小数的输

出精度。精度值需要放在最小宽度之后，中间用点号 . 隔开；也可以不写最小宽度，只写精度。具体格式如下：

%m. nf

%. nf

m 表示最小宽度，n 表示输出精度，. 是必须存在的。

请看以下示例：

1. f = 3. 141592653

2. # 最小宽度为 8, 小数点后保留 3 位

3. print ("%8. 3f" % f)

4. # 最小宽度为 8, 小数点后保留 3 位, 左边补 0

5. print ("%08. 3f" % f)

6. # 最小宽度为 8, 小数点后保留 3 位, 左边补 0, 带符号

7. print ("%+08. 3f" % f)

运行结果：

  3. 142

0003. 142

+003. 142

# 2. 11　转义字符

## 2. 11. 1 本节重点

- 掌握 Python 转义字符的使用

## 2. 11. 2 Python 转义字符用法

在第 2. 5 节 "Python 字符串" 中我们曾提到过转义字符，就是那些以反斜杠\开头的字符。ASCII 编码为每个字符都分配了唯一的编号，称为编码值。在 Python 中，一个 ASCII 字符除了可以用它的实体（也就是真正的字符）表示，还可以用它的编码值表示。这种使用编码值来间接地表示字符的方式称为转义字符（Escape Character）。转义字符以\o 或者\x 开头，以\o 开头表示后跟八进制形式的编码值，以\x 开头表示后跟十六进制形式的编码值，Python 中的转义字符只能使用八进制或者十六进制。具体格式如下，dd 表示八进制数字，hh 表示十六进制数字：

\odd

\xhh

ASCII 编码共收录了 128 个字符，\0 和\x 后面最多只能跟 2 位数字，所以八进制

形式\0 并不能表示所有的 ASCII 字符，只有十六进制形式\x 才能表示所有 ASCII 字符。我们一直在说 ASCII 编码，没有提及 Unicode、GBK、Big5 等其他编码（字符集），是因为 Python 转义字符只对 ASCII 编码（128 个字符）有效，超出范围的行为是不确定的。

字符 1、2、3、x、y、z 对应的 ASCII 码的八进制形式分别是 61、62、63、170、171、172，十六进制形式分别是 31、32、33、78、79、7A。下面的例子演示了转义字符的用法：

1. str1 = "Oct: \061\062\063"

2. str2 = "Hex: \x31\x32\x33\x78\x79\x7A"

3. print (str1)

4. print (str2)

运行结果：

Oct: 123

Hex: 123xyz

注意，使用八进制形式的转义字符没法表示 xyz，因为它们的编码值转换成八进制以后有 3 位。对于 ASCII 编码，0~31（十进制）范围内的字符为控制字符，它们都是看不见的，不能在显示器上显示，甚至无法从键盘输入，只能以转义字符的形式来表示。不过，直接使用 ASCII 码不方便记忆，也不容易理解，所以，针对常用的控制字符，又定义了简写方式，完整的列表如表 2-3 所示。

表 2-3　Python 支持的转义字符

| 转义字符 | 说　明 |
| --- | --- |
| \n | 换行符，将光标位置移到下一行开头 |
| \r | 回车符，将光标位置移到本行开头 |
| \t | 水平制表符，也即 Tab 键，一般相当于四个空格 |
| \a | 蜂鸣器响铃。注意不是喇叭发声，现在的计算机很多都不带蜂鸣器了，所以响铃不一定有效 |
| \b | 退格（Backspace），将光标位置移到前一列 |
| \ | 反斜线 |
| \' | 单引号 |
| \" | 双引号 |
| \ | 在字符串行发展的续行符，即一行未完，转到下一行继续写 |

转义字符在书写形式上由多个字符组成，但 Python 将它们看作一个整体，表示一个字符。Python 转义字符综合示例如下：

1. #使用 \t 排版

2. str1 = '网站\t\t 域名\t\t\t 年龄\t\t 价值'

3. str2 = 'GSJ 官网\twww. gsj. com\t\t30\t\t 无价'

4. str3 = '百度\t\twww. baidu. com\t\t20\t\t 问李彦宏

5. print (str1)

6. print (str2)

7. print (str3)

8. print ("--------------------")

9. # \n 在输出时换行,\在书写字符串时换行

10. info = "Python 官网: http://www. python. org/\n\

运行结果：

网站　　　　域名　　　　　　　年龄　　价值

GSJ 官网 www. gsj. com　　　　30　　　　无价

百度　　　　www. baidu. com 20　　　问李彦宏

--------------------

Python 教程：http://www. python. org/

# 2.12　数据类型转换

### 2.12.1 本节重点

● 掌握 Python 数据类型转换

### 2.12.2 Python 数据类型转换函数用法

虽然 Python 是弱类型编程语言，不需要像 Java 或 C 语言那样还要在使用变量前声明变量的类型，但在一些特定场景中，仍然需要用到类型转换。比如说，我们想通过使用 print( ) 函数输出信息"您的身高:"以及浮点类型 height 的值，如果在交互式解释器中执行如下代码，解释器会提示错误：

```
>>> height = 170. 0
>>> print("您的身高"+height)
Traceback (most recent call last):
    File "<pyshell#1>", line 1, in <module>
        print("您的身高"+height)
```

TypeError: must be str, not float

解释器提示我们字符串和浮点类型变量不能直接相连，需要提前将浮点类型变量 height 转换为字符串才可以。庆幸的是，Python 已经为我们提供了多种可实现数据类型转换的函数，如表 2-4 所示。

表 2-4　常用数据类型转换函数

| 函　数 | 作　用 |
| --- | --- |
| int(x) | 将 x 转换成整数类型 |
| float(x) | 将 x 转换成浮点数类型 |
| complex(real, [, imag]) | 创建一个复数 |
| str(x) | 将 x 转换为字符串 |
| repr(x) | 将 x 转换为表达式字符串 |
| eval(str) | 计算在字符串中的有效 Python 表达式，并返回一个对象 |
| chr(x) | 将整数 x 转换为一个字符 |
| ord(x) | 将一个字符 x 转换为它对应的整数值 |
| hex(x) | 将一个整数 x 转换为一个十六进制字符串 |
| oct(x) | 将一个整数 x 转换为一个八进制的字符串 |

需要注意的是，在使用类型转换函数时，提供给它的数据必须是有意义的。例如，int() 函数无法将一个非数字字符串转换成整数：

```
>>> int("123")          #转换成功
123
>>> int("123 个")       #转换失败
Traceback (most recent call last):
    File "<pyshell#3>", line 1, in <module>
      int("123 个")
ValueError: invalid literal for int() with base 10: '123 个'
>>>
```

上述是很典型的错误类型，需要注意。

## 2.13 算术运算符

### 2.13.1 本节重点

● 掌握常见 Python 算术运算符的使用

### 2.13.2 +加法运算符

加法运算符很简单，和数学中的运算规则一样，请看以下示例：

1. m = 10
2. n = 97
3. sum1 = m + n
4.
5. x = 7.2
6. y = 15.3
7. sum2 = x + y
8.
9. print ("sum1 = %d, sum2 = %.2f" % (sum1, sum2))

运行结果：

sum1 = 107, sum2 = 22.50

值得注意的是，当+用于数字时表示加法，但是当+用于字符串时，它还有拼接字符串（将两个字符串连接为一个）的作用，请看以下示例：

1. name = "GSJ"
2. url = "http://www.gsj.com/"
3. age = 38
4. info = name + "的网址是" + url + ",它已经" + str(age) + "岁了."
5. print (info)

运行结果：

GSJ 的网址是 http://www.gsj.com/，它已经 38 岁了.

上述有一个知识点需要留意，str() 函数用来将整数类型的 age 转换成字符串。

### 2.13.3 - 减法运算符

减法运算也和数学中的运算规则相同，请看以下示例：

1. n = 45
2. m = -n

3.

4. x = -83.5

5. y = -x

6.

7. print (m, ",", y)

运行结果：

-45 , 83.5

-除了可以用作减法运算之外，还可以用作求负运算（正数变负数，负数变正数），请看以下示例：

1. n = 45

2. n_neg = -n

3.

4. f = -83.5

5. f_neg = -f

6.

7. print (n_neg, ",", f_neg)

运行结果：

-45 , 83.5

注意，单独使用+是无效的，不会改变数字的值，例如：

1. n = 45

2. m = +n

3.

4. x = -83.5

5. y = +x

6.

7. print (m, ",", y)

运行结果：

45 , -83.5

### 2.13.4 ＊乘法运算符

乘法运算也和数学中的运算规则相同，请看以下示例：

1. n = 4 ＊ 25

2. f = 34.5 ＊ 2

3. print (n, ",", f)

运行结果：

100 , 69. 0

＊除了可以用作乘法运算，还可以用来重复字符串，也即将 n 个同样的字符串连接起来，请看以下示例：

1. str1 = "hello "

2. print (str1 ＊ 4)

运行结果：

hello hello hello hello

### 2. 13. 5 / 和// 除法运算符

Python 支持/和//两个除法运算符，但它们是有区别的：

（1） / 表示普通除法，使用它计算出来的结果和数学中的计算结果相同。

（2） // 表示整除，只保留结果的整数部分，舍弃小数部分。注意是直接丢掉小数部分，而不是四舍五入。

请看以下示例：

1. #整数不能除尽

2. print ("23/5 =", 23/5)

3. print ("23//5 =", 23//5)

4. print ("23. 0//5 =", 23. 0//5)

5. print ("－－－－－－－－－－－－－－－－－－")

6.

7. #整数能除尽

8. print ("25/5 =", 25/5)

9. print ("25//5 =", 25//5)

10. print ("25. 0//5 =", 25. 0//5)

11. print ("－－－－－－－－－－－－－－－－－－")

12.

13. #小数除法

14. print ("12. 4/3. 5 =", 12. 4/3. 5)

15. print ("12. 4//3. 5 =", 12. 4//3. 5)

运行结果：

23/5 = 4. 6

23//5 = 4

23. 0//5 = 4. 0

－－－－－－－－－－－－－－－－－－

25/5 = 5. 0

25//5 = 5

25.0//5 = 5.0

------------------

12.4/3.5 = 3.542857142857143

12.4//3.5 = 3.0

从运行结果可以发现：①/的计算结果总是小数，不管是否能除尽，也不管参与运算的是整数还是小数。②当有小数参与运算时，// 结果才是小数，否则就是整数。

需要注意的是，除数始终不能为 0，除以 0 是没有意义的，这将导致 ZeroDivisionError 错误。在某些编程语言中，除以 0 的结果是无穷大（包括正无穷大和负无穷大）。

### 2.13.6 % 求余运算符

Python % 运算符用来求得两个数相除的余数，包括整数和小数。Python 使用第一个数字除以第二个数字，得到一个整数的商，剩下的值就是余数。对于小数，求余的结果一般也是小数。注意，求余运算的本质是除法运算，所以第二个数字也不能是 0，否则会导致 ZeroDivisionError 错误。

Python % 使用示例：

1. print ("-----整数求余-----")
2. print ("15%6 =", 15%6)
3. print ("-15%6 =", -15%6)
4. print ("15%-6 =", 15%-6)
5. print ("-15%-6 =", -15%-6)
6.
7. print ("-----小数求余-----")
8. print ("7.7%2.2 =", 7.7%2.2)
9. print ("-7.7%2.2 =", -7.7%2.2)
10. print ("7.7%-2.2 =", 7.7%-2.2)
11. print ("-7.7%-2.2 =", -7.7%-2.2)
12.
13. print ("---整数和小数运算---")
14. print ("23.5%6 =", 23.5%6)
15. print ("23%6.5 =", 23%6.5)
16. print ("23.5%-6 =", 23.5%-6)
17. print ("-23%6.5 =", -23%6.5)
18. print ("-23%-6.5 =", -23%-6.5)

运行结果：

-----整数求余-----

15%6 = 3

-15%6 = 3

15%-6 = -3

-15%-6 = -3

-----小数求余-----

7.7%2.2 = 1.0999999999999996

-7.7%2.2 = 1.1000000000000005

7.7%-2.2 = -1.1000000000000005

-7.7%-2.2 = -1.0999999999999996

---整数和小数运算---

23.5%6 = 5.5

23%6.5 = 3.5

23.5%-6 = -0.5

-23%6.5 = 3.0

-23%-6.5 = -3.5

从运行结果可以发现以下两点：

（1）只有当第 2 个数字是负数时，求余的结果才是负数。换句话说，求余结果的正负和第 1 个数字没有关系，只由第 2 个数字决定。

（2）%两边的数字都是整数时，求余的结果也是整数；但是只要有一个数字是小数，求余的结果就是小数。

本例中小数求余的四个结果都不精确，而是近似值，这和小数在底层的存储有关系，有兴趣的读者可以查阅相关材料进一步了解。

### 2.13.7 ＊＊乘方运算符

Python ＊＊运算符用来求一个 x 的 y 次方，也即次方（乘方）运算符。由于开方是次方的逆运算，所以也可以使用 ＊＊运算符间接地实现开方运算。

Python ＊＊运算符示例：

1. print ('----次方运算----')

2. print ('3 ＊＊4 =', 3 ＊＊4)

3. print ('2 ＊＊5 =', 2 ＊＊5)

4.

5. print ('----开方运算----')

6. print ('81 ＊＊(1/4) =', 81 ＊＊(1/4))

7. print ('32 * * (1/5) =', 32 * * (1/5))

运行结果：

----次方运算----

3 * * 4 = 81

2 * * 5 = 32

----开方运算----

81 * * (1/4) = 3.0

32 * * (1/5) = 2.0

# 2.14　赋值运算符

赋值运算符用来把右侧的值传递给左侧的变量（或者常量）。可以直接将右侧的值交给左侧的变量，也可以进行某些运算后再交给左侧的变量，比如加减乘除、函数调用、逻辑运算等。Python 中最基本的赋值运算符是等号 = ；结合其他运算符， = 还能扩展出更强大的赋值运算符。

## 2.14.1 本节重点

- 掌握 Python 赋值运算符的使用

## 2.14.2 基本赋值运算符

= 是 Python 中最常见、最基本的赋值运算符，用来将一个表达式的值赋给另一个变量，请看下面的例子：

1. #将字面量(直接量)赋值给变量

2. n1 = 100

3. f1 = 47.5

4. s1 = "http://www.gsj.com/"

5.

6. #将一个变量的值赋给另一个变量

7. n2 = n1

8. f2 = f1

9.

10. #将某些运算的值赋给变量

11. sum1 = 25 + 46

12. sum2 = n1 % 6

13. s2 = str(1234) #将数字转换成字符串

14. s3 = str(100) + "abc"

Python 中的赋值表达式也是有值的，它的值就是被赋的那个值，或者说是左侧变量的值；如果将赋值表达式的值再赋值给另外一个变量，这就构成了连续赋值。比如以下示例：

a = b = c = 100

=具有右结合性，从右到左分析这个表达式：首先 c = 100 表示将 100 赋值给 c，所以 c 的值是 100；同时，c = 100 这个子表达式的值也是 100。然后 b = c = 100 表示将 c = 100 的值赋给 b，因此 b 的值也是 100。最后以此类推，a 的值也是 100。

最终结果就是：a、b、c 三个变量的值都是 100。

需要特别指出的是：= 和 == 是两个不同的运算符，= 用来赋值，而 == 用来判断两边的值是否相等，千万不要混淆。

### 2.14.3 扩展后的赋值运算符

=还可与其他运算符（包括算术运算符、位运算符和逻辑运算符）相结合，扩展成为功能更加强大的赋值运算符，如表 2-5 所示。扩展后的赋值运算符将使得赋值表达式的书写更加优雅和方便。

表 2-5　Python 扩展赋值运算符

| 运算符 | 说明 | 用法举例 | 等价形式 |
|---|---|---|---|
| = | 最基本的赋值运算 | x = y | x = y |
| += | 加赋值 | x + = y | x = x + y |
| -= | 减赋值 | x - = y | x = x - y |
| *= | 乘赋值 | x * = y | x = x * y |
| /= | 除赋值 | x / = y | x = x / y |
| %= | 取余数赋值 | x % = y | x = x % y |
| **= | 幂赋值 | x * * = y | x = x * * y |
| //= | 取整数赋值 | x // = y | x = x // y |
| &= | 按位与赋值 | x & = y | x = x & y |
| \| = | 按位或赋值 | x \| = y | x = x \| y |
| ^= | 按位异或赋值 | x ^ = y | x = x ^ y |
| <<= | 左移赋值 | x << = y | x = x << y，这里的 y 指的是左移的位数 |

| 运算符 | 说明 | 用法举例 | 等价形式 |
|---|---|---|---|
| >>= | 右移赋值 | x >> = y | x = x >> y，这里的 y 指的是右移的位数 |

这里举个简单的例子：

```
1. n1 =  100
2. f1 =  25.5
3.
4. n1 -= 80                    #等价于 n1 = n1-80
5. f1 * = n1 - 10              #等价于 f1 = f1 * ( n1 - 10 )
6.
7. print ("n1 =%d" % n1)
8. print ("f1 =%.2f" % f1)
```

运行结果为：

n1 = 20

f1 = 255.00

通常情况下，只要能使用扩展后的赋值运算符，都推荐使用这种赋值运算符。但是请注意，这种赋值运算符只能对已经存在的变量赋值。因为赋值过程中需要变量本身参与运算，如果变量没有提前定义，它的值就是未知的，无法参与运算。例如，下面的写法就是错误的：

n += 10

该表达式等价于 n = n + 10，n 没有提前定义，所以它不能参与加法运算。

## 2.15　位运算符

### 2.15.1 本节重点

● 掌握 Python 位运算符的使用

### 2.15.2 位运算符简述

Python 位运算按照数据在内存中的二进制位（Bit）进行操作，它一般用于底层开发（算法设计、驱动、图像处理、单片机等），在应用层开发（Web 开发、Linux 运维等）中并不常见。想加快学习进度，或者不关注底层开发的读者可以先跳过本节，以后需要再来学习。Python 位运算符只能用来操作整数类型，它按照整数在内存中的二进制形式进行计算。Python 支持的位运算符如表 2-6 所示。

表 2-6  Python 位运算符一览表

| 位运算符 | 说明 | 使用形式 | 举例 |
|---|---|---|---|
| & | 按位与 | a & b | 4 & 5 |
| \| | 按位或 | a \| b | 4 \| 5 |
| ^ | 按位异或 | a ^ b | 4 ^ 5 |
| ~ | 按位取反 | ~a | ~4 |
| << | 按位左移 | a << b | 4 << 2，表示整数 4 按位左移 2 位 |
| >> | 按位右移 | a >> b | 4 >> 2，表示整数 4 按位右移 2 位 |

### 2.15.3 & 按位与运算符

按位与运算符 & 的运算规则是：只有参与 & 运算的两个位都为 1 时，结果才为 1，否则为 0，如表 2-7 所示。例如 1&1 为 1，0&0 为 0，1&0 也为 0，这和逻辑运算符 && 非常类似。

表 2-7  Python & 运算符的规则

| 第一个 Bit 位 | 第二个 Bit 位 | 结果 |
|---|---|---|
| 0 | 0 | 0 |
| 0 | 1 | 0 |
| 1 | 0 | 0 |
| 1 | 1 | 1 |

例如，9&5 可以转换成如下的运算：

　　0000 0000 -- 0000 0000 -- 0000 0000 -- 0000 1001　　（9 在内存中的存储）
& 0000 0000 -- 0000 0000 -- 0000 0000 -- 0000 0101　　（5 在内存中的存储）

------------------------------------------------------------------

　　0000 0000 -- 0000 0000 -- 0000 0000 -- 0000 0001　　（1 在内存中的存储）

可见，& 运算符会对参与运算的两个整数的所有二进制位进行 & 运算，9&5 的结果为 1。

又如，-9&5 可以转换成如下的运算：

1111 1111 -- 1111 1111 -- 1111 1111 -- 1111 0111　　　　（-9 在内存中的存储）

& 0000 0000 -- 0000 0000 -- 0000 0000 -- 0000 0101　　　（5 在内存中的存储）

----------------------------------------------------------------

0000 0000 -- 0000 0000 -- 0000 0000 -- 0000 0101　　　（5 在内存中的存储）

-9&5 的结果是 5。

需要强调的是，& 运算符操作的是数据在内存中存储的原始二进制位，而不是数据本身的二进制形式；其他位运算符也一样。以-9&5 为例，-9 在内存中的存储和 -9 的二进制形式截然不同：

1111 1111 -- 1111 1111 -- 1111 1111 -- 1111 0111　　　　（-9 在内存中的存储）

- 0000 0000 -- 0000 0000 -- 0000 0000 -- 0000 1001　　（-9 的二进制形式，前面多余的 0 可以抹掉）

按位与运算通常用来对某些位清 0，或者保留某些位。例如要把 n 的高 16 位清 0，保留低 16 位，可以进行 n & 0XFFFF 运算（0XFFFF 在内存中的存储形式为 0000 0000 -- 0000 0000 -- 1111 1111 -- 1111 1111）。

编写 Python 代码对上面的分析进行验证：

1. n= 0X8FA6002D

2. print ("%X" % (9&5) )

3. print ("%X" % (-9&5) )

4. print ("%X" % (n&0XFFFF) )

运行结果：

1

5

2D

### 2.15.4 ｜ 按位或运算符

按位或运算符 | 的运算规则是：两个二进制位有一个为 1 时，结果就为 1，两个都为 0 时结果才为 0，如表2-8所示。例如 1 | 1 为 1，0 | 0 为 0，1 | 0 为 1，这和逻辑运算中的 || 非常类似。

表 2-8　Python ｜ 运算符的规则

| 第一个 Bit 位 | 第二个 Bit 位 | 结果 |
|---|---|---|
| 0 | 0 | 0 |
| 0 | 1 | 1 |

续表

| 第一个 Bit 位 | 第二个 Bit 位 | 结果 |
|:---:|:---:|:---:|
| 1 | 0 | 1 |
| 1 | 1 | 1 |

例如，9 | 5 可以转换成如下的运算：

   0000 0000 -- 0000 0000 -- 0000 0000 -- 0000 1001　　（9 在内存中的存储）

| 0000 0000 -- 0000 0000 -- 0000 0000 -- 0000 0101　　（5 在内存中的存储）

------------------------------------------------------------

   0000 0000 -- 0000 0000 -- 0000 0000 -- 0000 1101　　（13 在内存中的存储）

9 | 5 的结果为 13。

又如，−9 | 5 可以转换成如下的运算：

   1111 1111 -- 1111 1111 -- 1111 1111 -- 1111 0111　　（−9 在内存中的存储）

| 0000 0000 -- 0000 0000 -- 0000 0000 -- 0000 0101　　（5 在内存中的存储）

------------------------------------------------------------

   1111 1111 -- 1111 1111 -- 1111 1111 -- 1111 0111　　（−9 在内存中的存储）

−9 | 5 的结果是 −9。

按位或运算可以用来将某些位置 1，或者保留某些位。例如要把 n 的高 16 位置 1，保留低 16 位，可以进行 n | 0XFFFF0000 运算（0XFFFF0000 在内存中的存储形式为 1111 1111 -- 1111 1111 -- 0000 0000 -- 0000 0000）。

编写 Python 代码对上面的分析进行验证：

```
1. n= 0X2D
2. print ("%X" % (9 | 5) )
3. print ("%X" % (−9 | 5) )
4. print ("%X" % (n | 0XFFFF0000) )
```

运行结果：

D

−9

FFFF002D

### 2.15.5 ^ 按位异或运算符

按位异或运算^的运算规则是：参与运算的两个二进制位不同时，结果为 1，相同时结果为 0，如表 2-9 所示。例如 0^1 为 1，0^0 为 0，1^1 为 0。

表 2-9　Python ˆ 运算符的规则

| 第一个 Bit 位 | 第二个 Bit 位 | 结果 |
|---|---|---|
| 0 | 0 | 0 |
| 0 | 1 | 1 |
| 1 | 0 | 1 |
| 1 | 1 | 0 |

例如，9ˆ5 可以转换成如下的运算：

　0000 0000 -- 0000 0000 -- 0000 0000 -- 0000 1001　　（9 在内存中的存储）

ˆ0000 0000 -- 0000 0000 -- 0000 0000 -- 0000 0101　　（5 在内存中的存储）

-------------------------------------------------------------------

　0000 0000 -- 0000 0000 -- 0000 0000 -- 0000 1100　　（12 在内存中的存储）

9ˆ5 的结果为 12。

又如，-9ˆ5 可以转换成如下的运算：

　1111 1111 -- 1111 1111 -- 1111 1111 -- 1111 0111　　（-9 在内存中的存储）

ˆ0000 0000 -- 0000 0000 -- 0000 0000 -- 0000 0101　　（5 在内存中的存储）

-------------------------------------------------------------------

　1111 1111 -- 1111 1111 -- 1111 1111 -- 1111 0010　　（-14 在内存中的存储）

-9ˆ5 的结果是 -14。

按位异或运算可以用来将某些二进制位反转。例如要把 n 的高 16 位反转，保留低 16 位，可以进行 nˆ0XFFFF0000 运算（0XFFFF0000 在内存中的存储形式为 1111 1111 -- 1111 1111 -- 0000 0000 -- 0000 0000）。

编写 Python 代码对上面的分析进行验证：

1. n= 0X0A07002D

2. print ("%X" % (9^5) )

3. print ("%X" % (-9^5) )

4. print ("%X" % (n^0XFFFF0000) )

运行结果：

C

-E

F5F8002D

### 2.15.6 ~ 按位取反运算符

按位取反运算符~为单目运算符（只有一个操作数），具有右结合性，作用是对参与运算的二进制位取反。例如~1 为 0，~0 为 1，这和逻辑运算中的！非常类似。

例如，~9 可以转换为如下的运算：

~0000 0000 -- 0000 0000 -- 0000 0000 -- 0000 1001 （9 在内存中的存储）

---------------------------------------------------------------

　　1111 1111 -- 1111 1111 -- 1111 1111 -- 1111 0110 （-10 在内存中的存储）

所以~9 的结果为 -10。

例如，~-9 可以转换为如下的运算：

~1111 1111 -- 1111 1111 -- 1111 1111 -- 1111 0111 （-9 在内存中的存储）

---------------------------------------------------------------

　　0000 0000 -- 0000 0000 -- 0000 0000 -- 0000 1000 （8 在内存中的存储）

所以~-9 的结果为 8。

编写 Python 代码对上面的分析进行验证：

1. print ("%X" % (~9) )

2. print ("%X" % (~-9) )

运行结果：

-A

8

### 2.15.7 << 左移运算符

Python 左移运算符<<用来把操作数的各个二进制位全部左移若干位，高位丢弃，低位补 0。例如，9<<3 可以转换为如下的运算：

<<0000 0000 -- 0000 0000 -- 0000 0000 -- 0000 1001 （9 在内存中的存储）

---------------------------------------------------------------

　　0000 0000 -- 0000 0000 -- 0000 0000 -- 0100 1000 （72 在内存中的存储）

所以 9<<3 的结果为 72。

又如，（-9）<<3 可以转换为如下的运算：

<<1111 1111 -- 1111 1111 -- 1111 1111 -- 1111 0111 （-9 在内存中的存储）

---------------------------------------------------------------

　　1111 1111 -- 1111 1111 -- 1111 1111 -- 1011 1000 （-72 在内存中的存储）

所以（-9）<<3 的结果为 -72。

如果数据较小，被丢弃的高位不包含 1，那么左移 n 位相当于乘以 2 的 n 次方。

编写 Python 代码对上面的分析进行验证：

1. print ("%X" % (9<<3) )

2. print ("%X" % ((-9)<<3) )

运行结果:

48

−48

### 2.15.8 >> 右移运算符

对应左移运算符, Python 右移运算符>>用来把操作数的各个二进制位全部右移若干位, 低位丢弃, 高位补 0 或 1。如果数据的最高位是 0, 那么就补 0; 如果最高位是 1, 那么就补 1。

例如, 9>>3 可以转换为如下的运算:

>>0000 0000 -- 0000 0000 -- 0000 0000 -- 0000 1001　(9 在内存中的存储)

--------------------------------------------------------------

　　0000 0000 -- 0000 0000 -- 0000 0000 -- 0000 0001　(1 在内存中的存储)

所以 9>>3 的结果为 1。

又如, (−9) >>3 可以转换为如下的运算:

>> 1111 1111 -- 1111 1111 -- 1111 1111 -- 1111 0111　(−9 在内存中的存储)

--------------------------------------------------------------

　　1111 1111 -- 1111 1111 -- 1111 1111 -- 1111 1110　(−2 在内存中的存储)

所以(−9) >>3 的结果为 −2。

如果被丢弃的低位不包含 1, 那么右移 n 位相当于除以 2 的 n 次方 (但被移除的位中经常会包含 1)。

编写 Python 代码对上面的分析进行验证:

1. print ("%X" % (9>>3) )
2. print ("%X" % ((−9)>>3) )

运行结果:

1

−2

## 2.16　比较运算符

### 2.16.1 本节重点

- 掌握 Python 比较运算符的使用

### 2.16.2 比较运算符简述

比较运算符, 也称关系运算符, 用于比较常量、变量或表达式的结果大小。如果这种比较是成立的, 则返回 True (真), 反之则返回 False (假)。Python 支持的比较运算符如表 2-10 所示。

表 2-10　Python 比较运算符汇总

| 转义字符 | 说　明 |
|---|---|
| > | 大于, 如果>前面的值大于后面的值, 则返回 True, 否则返回 False |
| < | 小于, 如果<前面的值小于后面的值, 则返回 True, 否则返回 False |
| == | 等于, 如果==两边的值相等, 则返回 True, 否则返回 False |
| >= | 大于等于(等价于数学中的≥), 如果>=前面的值大于或者等于后面的值, 则返回 True, 否则返回 False |
| <= | 小于等于(等价于数学中的≤), 如果<=前面的值小于或者等于后面的值, 则返回 True, 否则返回 False |
| ! = | 不等于(等价于数学中的≠), 如果!=两边的值不相等, 则返回 True, 否则返回 False |
| is | 判断两个变量所引用的对象是否相同, 如果相同则返回 True, 否则返回 False |
| is not | 判断两个变量所引用的对象是否不相同, 如果不相同则返回 True, 否则返回 False |

Python 比较运算符的使用示例如下:

1. print ("89 是否大于 100: ", 89 > 100)

2. print ("24 * 5 是否大于等于 76: ", 24 * 5 >= 76)

3. print ("86. 5 是否等于 86. 5: ", 86. 5 == 86. 5)

4. print ("34 是否等于 34. 0: ", 34 == 34. 0)

5. print ("False 是否小于 True: ", False < True)

6. print ("True 是否等于 True: ", True < True)

运行结果:

89 是否大于 100: False

24 * 5 是否大于等于 76: True

86. 5 是否等于 86. 5: True

34 是否等于 34. 0: True

False 是否小于 True: True

True 是否等于 True: False

### 2. 16. 3 双等号 (==) 和 is 的区别

初学 Python, 大家可能对 is 比较陌生, 很多人会误将它和 == 混为一谈, 但其实

is 与 ＝＝ 有本质上的区别。＝＝ 用来比较两个变量的值是否相等，而 is 则用来比对两个变量引用的是否是同一个对象，见以下示例：

```
1. import time                          #引入 time 模块
2.
3. t1 = time. gmtime ( )                # gmtime ( )用来获取当前时间
4. t2 = time. gmtime ( )
5.
6. print (t1  ＝＝ t2)                   #输出 True
7. print (t1  is t2)                     #输出 False
```

运行结果：

True

False

上述代码引入了模块思想，后面章节会讲到，time 模块的 gmtime ( ) 方法用来获取当前的系统时间，精确到秒级。因为程序运行非常快，所以 t1 和 t2 得到的时间是一样的。＝＝ 用来判断 t1 和 t2 的值是否相等，这里返回 True。虽然 t1 和 t2 的值相等，但它们是两个不同的对象（每次调用 gmtime ( ) 都返回不同的对象），所以 t1 is t2 返回 False。这就如同两个双胞胎姐妹，虽然她们的外貌是一样的，但她们是两个人。

那么，如何判断两个对象是否相同呢？答案是判断两个对象的内存地址是否相同。如果内存地址相同，说明两个对象使用的是同一块内存，也就是同一个对象。这就像两个名字使用了同一个身体，也就是同一个人。

# 2.17　逻辑运算符

### 2.17.1 本节重点

- 掌握 Python 逻辑运算符的使用

### 2.17.2 逻辑运算符简述

在高中数学中我们就学过逻辑运算，例如 p 为真命题，q 为假命题，那么"p 且 q"为假，"p 或 q"为真，"非 q"为真。Python 中也有类似的逻辑运算，见表 2-11：

表 2-11　Python 逻辑运算符及功能

| 逻辑运算符 | 含义 | 基本格式 | 说明 |
|---|---|---|---|
| and | 逻辑与运算，等价于数学中的"且" | a and b | 当 a 和 b 两个表达式都为真时，a and b 的结果才为真，否则为假 |
| or | 逻辑或运算，等价于数学中的"或" | a or b | 当 a 和 b 两个表达式都为假时，a or b 的结果才是假，否则为真 |
| not | 逻辑非运算，等价于数学中的"非" | not a | 如果 a 为真，那么 not a 的结果为假；如果 a 为假，那么 not a 的结果为真。相当于对 a 取反 |

逻辑运算符一般和关系运算符结合使用，例如：

14>6 and 45.6 > 90

14>6 结果为 True，成立，45.6>90 结果为 False，不成立，所以整个表达式的结果为 False，也即不成立。

再看一个比较实用的例子：

```
1. age = int(input("请输入年龄:"))
2. height = int(input("请输入摸高高度:"))
3.
4. if age>=18 and age<=30 and height >=170 and height <= 185 :
5.     print ("恭喜,你符合报考监狱警察的条件")
6. else :
7.     print ("抱歉,你不符合报考监狱警察的条件")
```

运行结果：

请输入年龄:21↙

请输入身高:268↙

恭喜,你符合报考监狱警察的条件

值得注意的是，有些 Python 网络课程内容中可能会存在此种表述：Python 逻辑运算符用于操作 bool 类型的表达式，执行结果也是 bool 类型。这两点其实都是错误的。Python 逻辑运算符可以用来操作任何类型的表达式，不管表达式是不是 bool 类型；同时，逻辑运算的结果也不一定是 bool 类型，它也可以是任意类型。请看以下示例：

```
1. print (100 and 200)
2. print (45 and 0)
3. print ("" or "http://www.gsj.com/")
4. print (18.5 or "www.china.com")
```

运行结果：

200

0

http://www.gsj.com/

18.5

从上述结果可以看出，本例中 and 和 or 运算符操作的都不是 bool 类型表达式，操作的结果也不是 bool 值。

### 2.17.3 逻辑运算符的本质

在 Python 中，and 和 or 不一定会计算右边表达式的值，有时候只计算左边表达式的值就能得到最终结果。另外，and 和 or 运算符会将其中一个表达式的值作为最终结果，而不是将 True 或者 False 作为最终结果。以上两点极其重要，了解这两点能避免读者在使用逻辑运算的过程中产生疑惑。

对于 and 运算符，两边的值都为真时最终结果才为真，但是只要其中有一个值为假，那么最终结果就是假，所以 Python 按照下面的规则执行 and 运算：

（1）如果左边表达式的值为假，那么就不用计算右边表达式的值了。因为不管右边表达式的值是什么，都不会影响最终结果，最终结果都是假，此时 and 会把左边表达式的值作为最终结果。

（2）如果左边表达式的值为真，那么最终值是不能确定的，and 会继续计算右边表达式的值，并将右边表达式的值作为最终结果。

编写 Python 代码验证上面的结论：

```
1. url = "http://www.gsj.com/"
2. print ("----False and xxx-----")
3. print ( False and print (url) )
4. print ("----True and xxx-----")
5. print ( True and print (url) )
6. print ("----False or xxx-----")
7. print ( False or print (url) )
8. print ("----True or xxx-----")
9. print ( True or print (url) )
```

运行结果：

```
----False and xxx-----
False
----True and xxx-----
http://www.gsj.com/
None
```

----False or xxx-----

http://www.gsj.com/

----True or xxx-----

True

# 2.18 三目运算符(需要学习完流程控制章节)

### 2.18.1 本节重点

- 掌握 Python 三目运算符的使用

### 2.18.2 三目运算符用法详解

我们从一个具体的例子切入本节内容。假设现在有两个数字,我们希望获得其中较大的一个,那么可以使用 if else 语句,例如:

1. if a>b:
2.　　max = a;
3. else :
4.　　max = b;

但是 Python 提供了一种更加简洁的写法,如下所示:

max = a if a>b else b

这是一种类似于其他编程语言中三目运算符? :的写法。Python 是一种追求极简主义的编程语言,它没有引入? :这个新的运算符,而是使用已有的 if else 关键字来实现相同的功能。使用 if else 实现三目运算符(条件运算符)的格式如下:

exp1 if condition else exp2

condition 是判断条件,exp1 和 exp2 是两个表达式。如果 condition 成立(结果为真),就执行 exp1,并把 exp1 的结果作为整个表达式的结果;如果 condition 不成立(结果为假),就执行 exp2,并把 exp2 的结果作为整个表达式的结果。

前面的语句 max = a if a>b else b 的含义是:

(1)如果 a>b 成立,就把 a 作为整个表达式的值,并赋给变量 max;

(2)如果 a>b 不成立,就把 b 作为整个表达式的值,并赋给变量 max。

另外,Python 三目运算符支持嵌套,如此可以构成更加复杂的表达式。在嵌套时需要注意 if 和 else 的配对,例如:

a if a>b else c if c>d else d

应该理解为:

a if a>b else ( c if c>d else d )

【实例】编写 Python 代码，利用三目运算符判断两个数字的关系：

1. a = int( input("Input a: ") )

2. b = int( input("Input b: ") )

3. print ("a 大于 b") if a>b else ( print ("a 小于 b") if a<b else print ("a 等于 b") )

可能的运行结果：

Input a: 45↙

Input b: 100↙

a 小于 b

该程序是一个嵌套的三目运算符。程序先对 a>b 求值，如果该表达式为 True，程序就返回执行第一个表达式 print("a 大于 b")，否则将继续执行 else 后面的内容，也就是：

( print("a 小于 b") if a<b else print("a 等于 b") )

进入该表达式后，先判断 a<b 是否成立，如果 a<b 的结果为 True，将执行 print("a 小于 b")，否则执行 print("a 等于 b")。

# 2.19　运算符优先级以及结合性

### 2.19.1 本节重点

- 掌握 Python 优先级以及结合性

### 2.19.2 Python 运算符优先级

优先级和结合性是 Python 表达式中比较重要的两个概念，它们决定了先执行表达式中的哪一部分。所谓优先级，就是当多个运算符同时出现在一个表达式中时，先执行哪个运算符。例如对于表达式 a + b * c，Python 会先计算乘法再计算加法；b * c 的结果为 8，a + 8 的结果为 24，所以 d 最终的值也是 24。先计算 * 再计算 +，说明 * 的优先级高于 +。

表 2-12　Python 运算符优先级和结合性一览表

| 运算符说明 | Python 运算符 | 优先级 | 结合性 | 优先级顺序 |
|---|---|---|---|---|
| 小括号 | () | 19 | 无 | |
| 索引运算符 | x[i]或 x[i1:i2:[i3]] | 18 | 左 | |
| 属性访问 | x. attribute | 17 | 左 | |
| 乘方 | * * | 16 | 左 | |
| 按位取反 | ~ | 15 | 右 | 高 |
| 符号运算符 | +(正号)、-(负号) | 14 | 右 | ^ |
| 乘除 | *、/、//、% | 13 | 左 | ┆ |
| 加减 | +、- | 12 | 左 | ┆ |
| 位移 | >>、<< | 11 | 左 | ┆ |
| 按位与 | & | 10 | 右 | ┆ |
| 按位异或 | ^ | 9 | 左 | ┆ |
| 按位或 | \| | 8 | 左 | ┆ |
| 比较运算符 | ==、!=、>、>=、<、<= | 7 | 左 | ┆ |
| is 运算符 | is、is not | 6 | 左 | ┆ |
| in 运算符 | in、not in | 5 | 左 | ┆ |
| 逻辑非 | not | 4 | 右 | ┆ |
| 逻辑与 | and | 3 | 左 | ┆ |
| 逻辑或 | or | 2 | 左 | 低 |
| 逗号运算符 | exp1,exp2 | 1 | 左 | |

　　Python 支持几十种运算符，这些运算符被划分成将近 20 个优先级，有的运算符优先级不同，有的运算符优先级相同，见表 2-12。

　　结合表 2-12 中的运算符优先级，我们尝试分析下面表达式的结果：

4+4<<2

　　+的优先级是 12，<<的优先级是 11，+的优先级高于<<，所以先执行 4+4，得到结果 8，再执行 8<<2，得到结果 32，这也是整个表达式的最终结果。对于这种不好确定优先级的表达式，我们可以给子表达式加上( )，如下所示：

(4+4) << 2

　　这样看起来一目了然，不容易引起误解。当然，我们也可以使用( )改变程序的执

行顺序, 比如:

4+(4<<2)

在此则先执行 4<<2, 得到结果 16, 再执行 4+16, 得到结果 20。读者在编程时须注意:

(1) 不要把一个表达式写得过于复杂, 如果一个表达式过于复杂, 可以尝试把它拆分来书写。

(2) 不要过多地依赖运算符的优先级来控制表达式的执行顺序, 这样可读性太差, 应尽量使用括号( )来控制表达式的执行顺序。

### 2.19.3 Python 运算符结合性

所谓结合性, 就是当一个表达式中出现多个优先级相同的运算符时, 先执行哪个运算符: 先执行左边的叫左结合性, 先执行右边的叫右结合性。

例如对于表达式 100 / 25 * 16, /和 * 的优先级相同, 应该先执行哪一个呢? 这个时候就不能只依赖运算符优先级来决定了, 还要参考运算符的结合性。/和 * 都具有左结合性, 因此先执行左边的除法, 再执行右边的乘法, 最终结果是 64。

Python 中大部分运算符都具有左结合性, 也就是从左到右执行; 只有单目运算符 (例如 not 逻辑非运算符)、赋值运算符和三目运算符例外, 它们具有右结合性, 也就是从右向左执行。表 2-12 中列出了所有 Python 运算符的结合性。

总之, 当一个表达式中出现多个运算符时, Python 会先比较各个运算符的优先级, 按照优先级从高到低的顺序依次执行; 当遇到优先级相同的运算符时, 再根据结合性决定先执行哪个运算符: 如果是左结合性就先执行左边的运算符, 如果是右结合性就先执行右边的运算符。

# 2.20  单元总结

学习单元 2 对 Python 的变量类型、运算符作了详细介绍的同时, 就程序交互函数、格式化输出函数以及转义字符的使用也作了讲解。读者学完该单元可以尝试完成单元练习, 加深对该单元知识的理解。

# 单元练习

一、选择题

1. 下面对常量的描述哪一项是正确的? (    )

A. 常量的值不可以随时改变            B. 常量的值是可以随时改变的

C. 常量的值必须是数值　　　　　　　　D. 常量不可以给变量赋值

2. 下列不合法的 Python 变量名是（　　　）。

A. Python2　　　　　B. N. x　　　　　　　C. sum　　　　　　D. Hello_World

3. Python 不支持的数据类型有（　　　）。

A. char　　　　　　B. int　　　　　　　C. float　　　　　　D. list

4. Python 中"="和"=="有什么区别？（　　　）

A. "="表示给一个变量赋值，"=="比较运算符，比较 a 跟 b 是否等于的符号

B. "=="表示给一个变量赋值，"="比较运算符，比较 a 跟 b 是否等于的符号

C. 两个型式不能同时存在

D. 两种型式都一样

5. 当需要在字符串中使用特殊字符时，Python 使用（　　　）作为转义字符。

A. \　　　　　　　　B. /　　　　　　　C. #　　　　　　　　D.%

6. 优先级最高的运算符为（　　　）。

A. /　　　　　　　　B. //　　　　　　　C. *　　　　　　　　D. ()

7. 下列哪个语句在 Python 中是非法的？（　　　）

A. x = y = z = 1　　B. x = (y = z + 1)　C. x, y = y, x　　D. x += y

8. 以下哪一项是字符转换成字节的方法？（　　　）

A. decode()　　　　B. encode()　　　　C. upper()　　　　D. rstrip()

9. （　　　）可以返回 x 的整数部分。

A. math. ceil ()　　　　　　　　　　B. math. fabs ()

C. math. pow ( x, y )　　　　　　　　D. math. trunc (x)

10. 从键盘输入一个整数 number，下面哪一句是正确的？（　　　）

A. number = input('Please input a Integer)

B. number = input("Please input a Integer")

C. number =int(input("Please input a Integer"))

D. number =int(input("Please input a Integer")

11. 使用（　　　）函数接收用户输入的数据。

A. accept　　　　　B. input()　　　　　C. readline()　　　D. login()

12. 在 print 函数的输出字符串中可以将（　　　）作为参数，代表后面指定要输出的字符串。

A.%d　　　　　　　B.%c　　　　　　　C.%s　　　　　　　D.%t

13. 已知 x = 43，ch ='A'，y = 1，则表达式 (x >= y and ch <'b' and y) 的值是（　　　）。

A. 0　　　　　　　　B. 1　　　　　　　C. 出错　　　　　　D. True

14. 关于 a or b 的描述，错误的是（　　　）。

A.　若 a＝True b＝True，则 a or b ＝＝True

B.　若 a＝True b＝False，则 a or b ＝＝True

C.　若 a＝True b＝True，则 a or b ＝＝False

D.　若 a＝False b＝False，则 a or b ＝＝False

15.《孙子算经》中，有这样一道算术题："今有物不知其数，三三数之剩二，五五数之剩三，七七数之剩二，问物几何？"按照今天的话来说即为：一个数除以 3 余 2，除以 5 余 3，除以 7 余 2，求这个数。这样的问题，也有人称为"韩信点兵"。现假设所求数为 m，以 Python 进行编程，下列表达式中，判断条件符合要求的是（　　）。

A.　m/3＝＝2 and m/5＝＝3 and m/7＝＝2

B.　m/3＝＝2 or m/5＝＝3 or m/7＝＝2

C.　m%3＝＝2 and m%5＝＝3 and m%7＝＝2

D.　m%3＝＝2 or m%5＝＝3 or m%7＝＝2

二、填空题

1. Python 运算符中用来计算整商的是＿＿＿＿＿＿＿＿。

2. Python 运算符中用来计算集合并集的是＿＿＿＿＿＿＿＿。

3. 已知 x＝3，那么执行语句 x＊=6 之后，x 的值为＿＿＿＿＿＿＿＿。

4. 执行下面语句后 x 的值为＿＿＿＿＿＿＿＿。

x＝3

x＊＝6

print(x)

5. 执行下列程序，程序输出结果是＿＿＿＿＿＿＿＿。

print( 100 － 25 ＊ 3 ％ 4 )

三、简答题

1. 写出 Python 运算符 & 的两种功能。

2. 逻辑运算符 and 与 or 的两侧可以是数字类型表达式吗？为什么？

3. 表达式 "1.0＋1.0e-16>1.0" 的结果是什么？为什么会有这样的结果？

4. factorial( ) 函数能计算一个整数的阶乘，那么读者还有必要学习编写求阶乘的程序吗？

5. 怎样理解"在移位运算中，整数的符号位可以向左无限扩展"？

学习单元 3

# Python 数据类型

在介绍基本的数据类型之前，我们需要了解基本数据类型有哪些。一般有整型（int）、布尔值（bool）、字符串（str）、列表（list）、元组（tuple）、字典（dict）等。读者在学习完本单元后需要熟练掌握它们的基本用法和常用方法。

## 3.1 Python 序列

### 3.1.1 本节重点

- 理解什么是序列
- 掌握 Python 序列

### 3.1.2 序列定义

所谓序列，指的是一块可存放多个值的连续内存空间。这些值按一定顺序排列，可通过每个值所在位置的编号（称为索引）访问它们。为了更形象地认识序列，我们可以将它看作是一家旅店，那么店中的每个房间就如同序列存储数据的一个个内存空间，每个房间所特有的房间号就相当于索引值。也就是说，通过房间号（索引）我们可以找到这家旅店（序列）中的每个房间（内存空间）。

在 Python 中，序列类型包括字符串、列表、元组、集合和字典，这些序列支持以下几种通用的操作。但比较特殊的是，集合和字典不支持索引、切片、相加和相乘操作。值得注意的是，字符串也是一种常见的序列，它也可以直接通过索引访问字符串内的字符。

### 3.1.3 序列索引

序列中，每个元素都有属于自己的编号（索引）。从起始元素开始，索引值从 0 开始递增，如图 3-1 所示。

图 3-1　序列索引值示意图

除此之外，Python 还支持负数索引值，此类索引是从右向左计数。换句话说，从最后一个元素开始计数，从索引值 -1 开始，如图 3-2 所示。

图 3-2　负值索引示意图

注意，在使用负值作为列序中各元素的索引值时，是从 -1 开始，而不是从 0 开始。

无论是采用正索引值，还是负索引值，都可以访问序列中的任何元素。以字符串为例，访问"我热爱广司警"的首元素和尾元素，可以使用如下代码：

1. str="我热爱广司警"
2. print (str[0], "==", str[-6])
3. print (str[5], "==", str[-1])

输出结果：

我 == 我

警 == 警

### 3.1.4 序列切片

切片操作是访问序列中元素的另一种方法。它可以访问一定范围内的元素，通过切片操作，可以生成一个新的序列。

序列实现切片操作的语法格式如下：

sname[start: end: step]

其中，各个参数的含义分别是：

（1）sname：表示序列的名称；

（2）start：表示切片的开始索引位置（包括该位置），此参数也可以不指定，会默认认为 0，也就是从序列的开头进行切片；

（3）end：表示切片的结束索引位置（不包括该位置），如果不指定，则默认为序列的长度；

（4）step：表示在切片过程中，隔几个存储位置（包含当前位置）取一次元素。也就是说，如果 step 的值大于 1，则在进行切片取序列元素时，会"跳跃式"地取元素。如果省略设置 step 的值，则最后一个冒号就可以省略。

例如，对字符串"我热爱广司警"进行切片：

1. str="我热爱广司警"
2. #取索引区间为[0,2]之间(不包括索引 2 处的字符)的字符串
3. print (str[:2])
4. #隔 1 个字符取一个字符,区间是整个字符串
5. print (str[::2])
6. #取整个字符串,此时 [ ] 中只需一个冒号即可
7. print (str[:])

运行结果：

我热

我热爱

我热爱广司警

### 3.1.5 序列相加

Python 支持两种类型相同的序列使用+运算符做相加操作。它会将两个序列进行连接，但不会去除重复的元素。所谓"类型相同"，指的是+运算符的两侧序列要么都是列表类型，要么都是元组类型，要么都是字符串，即同种类型。

例如，前面章节中我们已经实现用+运算符连接 2 个（甚至多个）字符串，如下所示：

1. str="www.gsj.com"
2. print ("广司警"+"网址:"+str)

输出结果：

广司警网址:www.gsj.com

### 3.1.6 序列相乘

Python 中，使用数字 n 乘以一个序列会生成新的序列，其内容为原来序列被重复 n 次的结果。例如：

1. str="我热爱广司警"
2. print (str*3)

输出结果：

'我热爱广司警我热爱广司警我热爱广司警'

比较特殊的是，列表类型在进行乘法运算时，还可以实现初始化指定长度列表的功能。如下代码，将创建一个长度为 5 的列表，列表中的每个元素都是 None，表示什么都没有。

1. #列表的创建用 [ ]，后续讲解列表时会详细介绍

2. list = [None] * 5

3. print (list)

输出结果：

[None, None, None, None, None]

### 3.1.7 检查元素是否包含在序列中

Python 中，可以使用 in 关键字检查某元素是否为序列的成员，其语法格式为：

value in sequence

其中，value 表示要检查的元素，sequence 表示指定的序列。

例如，检查字符'广'是否包含在字符串"我热爱广司警"中，可以执行如下代码：

1. str = "我热爱广司警"

2. print ('广'in str)

运行结果：

True

和 in 关键字用法相同，但功能恰好相反的，还有 not in 关键字，它用来检查某个元素是否不包含在指定的序列中，比如说：

1. str = "我热爱广司警"

2. print ('广'not in str)

输出结果：

False

### 3.1.8 和序列相关的内置函数

有关内置函数的详细介绍将在函数单元论述，本小节仅介绍和序列相关的内置函数。如表 3-1 所示，其可以实现与序列相关的一些常用操作。

表 3-1　序列相关的内置函数

| 函数 | 功能 |
| --- | --- |
| len( ) | 计算序列的长度，即返回序列中包含多少个元素 |

续表

| 函数 | 功能 |
|---|---|
| max( ) | 找出序列中的最大元素。注意,对序列使用 sum( ) 函数时,做加和操作的必须都是数字,不能是字符或字符串,否则该函数将抛出异常,因为解释器无法判定是要做连接操作(+运算符可以连接两个序列),还是做加和操作 |
| min( ) | 找出序列中的最小元素 |
| list( ) | 将序列转换为列表 |
| str( ) | 将序列转换为字符串 |
| sum( ) | 计算元素和 |
| sorted( ) | 对元素进行排序 |
| reversed( ) | 反向序列中的元素 |
| enumerate( ) | 将序列组合为一个索引序列,多用在 for 循环中 |

这里给大家举几个例子:

1. str = "www. gsj. com"

2. #找出最大的字符

3. print (max(str))

4. #找出最小的字符

5. print (min(str))

6. #对字符串中的元素进行排序

7. print (sorted(str))

思考一下,然后打开代码编辑器书写上述代码并运行,看一下运行结果是否和你所想一致。

# 3.2　Python list 列表

### 3.2.1 本节重点

- 理解并掌握 Python list 列表类型的用法

### 3.2.2 列表类型

在实际开发中,经常需要将一组(不只一个)数据存储起来,以便后边的代码使用。说到这里,一些读者可能听说过数组(Array),它就可以把多个数据存储到一起,通过数组下标可以访问数组中的每个元素。需要明确的是,Python 中没有数组,但是加入了更加强大的列表。如果把数组看作一个集装箱，那么 Python 的列表就是一个工厂的仓库。

大部分编程语言都支持数组，比如 C 语言、C++、Java、PHP、JavaScript 等。

从形式上看，列表会将所有元素都放在一对中括号［ ］里面，相邻元素之间用逗号,分隔，如下所示：

［element1, element2, element3, . . . , elementn］

上述格式中，element1 ～ elementn 表示列表中的元素，个数没有限制，只要是 Python 支持的数据类型就可以。

从内容上看，列表可以存储整数、小数、字符串、列表、元组等任何类型的数据，并且同一个列表中元素的类型也可以不同。比如说：

［"www. gsj. com", 1, [2, 3, 4] , 3. 11］

读者可以看到，列表中同时包含字符串、整数、列表、浮点数这些数据类型。需要注意的是，在使用列表时，虽然可以将不同类型的数据放入到同一个列表中，但通常情况下不这么做。同一列表中只放入同一类型的数据，这样可以提高程序的可读性。另外，我们通过 type() 函数就可以知道具体的数据类型是什么，如以下示例：

>>> type( ["www. gsj. com", 1, [2, 3, 4] , 3. 11] )

<class 'list'>

读者可以看到,它的数据类型为 list,就表示它是一个列表。

### 3.2.3 创建列表

在 Python 中，创建列表的方法可分为两种，下面分别进行介绍。

（1）使用［ ］直接创建列表。使用［ ］创建列表后，一般使用=将它赋值给某个变量，具体格式如下：

listname = ［element1, element2, element3, . . . , elementn］

其中，listname 表示变量名，element1 ～ elementn 表示列表元素。例如，下面定义的列表都是合法的：

1. num = ［1, 2, 3, 4, 5, 6, 7］

2. name = ["广司警", "www. gsj. com"]

3. program = ["C 语言", "Python", "Java"]

另外，使用此方式创建列表时，列表中元素可以有多个，也可以一个都没有，例如：

emptylist = ［ ］

这表明，emptylist 是一个空列表。

（2）使用 list() 函数创建列表。除了使用［ ］创建列表外，Python 还提供了一个内置的函数 list()，使用它可以将其他数据类型转换为列表类型。例如：

```
1. #将字符串转换成列表
2. list1 = list("hello")
3. print (list1)
4.
5. #将元组转换成列表
6. tuple1 = ('Python', 'Java', 'C++', 'JavaScript')
7. list2 = list(tuple1)
8. print (list2)
9.
10. #将字典转换成列表
11. dict1 = {'a': 100, 'b': 42, 'c': 9}
12. list3 = list(dict1)
13. print (list3)
14.
15. #将区间转换成列表
16. range1 = range(1, 6)
17. list4 = list(range1)
18. print (list4)
19.
20. #创建空列表
21. print (list())
```

运行结果:

```
['h', 'e', 'l', 'l', 'o']
['Python', 'Java', 'C++', 'JavaScript']
['a', 'b', 'c']
[1, 2, 3, 4, 5]
[]
```

### 3.2.4 访问列表元素

列表是 Python 序列的一种,我们可以使用索引(Index)访问列表中的某个元素(得到的是一个元素的值),也可以使用切片访问列表中的一组元素(得到的是一个新的子列表)。使用索引访问列表元素的格式为:

listname[i]

其中,listname 表示列表名字,i 表示索引值。列表的索引可以是正数,也可以是负数。

使用切片访问列表元素的格式为：

listname[start : end : step]

其中，listname 表示列表名字，start 表示起始索引，end 表示结束索引，step 表示步长。

我们已在第 3.1 节中讲解了以上两种方式，这里就不再赘述，仅作示例演示，请看以下示例：

1. url= list("http://www.gsj.com/info-management/news")
2.
3. #使用索引访问列表中的某个元素
4. print (url[3])　　　#使用正数索引
5. print (url[-4])　　　　#使用负数索引
6.
7. #使用切片访问列表中的一组元素
8. print (url[9: 18])　　#使用正数切片
9. print (url[9: 18: 3]) #指定步长

思考一下，然后打开代码编辑器书写上述代码并运行，看一下运行结果是否和你所想一致。

### 3.2.5 删除列表

对于已经创建的列表，如果不再使用，可以使用 del 关键字将其删除。实际开发中并不经常使用 del 来删除列表，因为 Python 自带的垃圾回收机制会自动销毁无用的列表。即使开发者不手动删除，Python 也会自动将其回收。

del 关键字的语法格式为：

del listname

其中，listname 表示要删除列表的名称。

Python 删除列表实例演示如下：

1. intlist= [1, 45, 8, 34]
2. print (intlist)
3. del intlist
4. print (intlist)

运行结果：

[1, 45, 8, 34]

Traceback (most recent call last):
　　File "C: \Users\mozhiyan\Desktop\demo.py", line 4, in <module>
　　　print(intlist)

NameError: name 'intlist'is not defined

### 3.2.6 列表中添加元素

本节先来学习如何在列表中添加元素。上一节告诉我们，使用+运算符可以将多个序列连接起来。列表是序列的一种，所以我们也可以使用+进行连接，这样就相当于在第一个列表的末尾添加了另一个列表。如以下示例：

1. language = ["Python", "C++", "Java"]

2. birthday = [1991, 1998, 1995]

3. info = language + birthday

4.

5. print ("language =", language)

6. print ("birthday =", birthday)

7. print ("info =", info)

运行结果：

language = ['Python', 'C++', 'Java']

birthday = [1991, 1998, 1995]

info = ['Python', 'C++', 'Java', 1991, 1998, 1995]

从运行结果可以发现，使用+ 会生成一个新的列表，原有的列表不会被改变。+更多用来拼接列表，而且执行效率并不高。如果想在列表中插入元素，应该使用下面几个专门的方法。

（1）方法1：Python append() 方法添加元素。append() 方法用于在列表的末尾追加元素，该方法的语法格式如下：

listname. append(obj)

其中，listname 表示要添加元素的列表；obj 表示添加到列表末尾的数据，它可以是单个元素，也可以是列表、元组等。请看以下示例：

1. l = ['Python', 'C++', 'Java']

2. #追加元素

3. l. append('PHP')

4. print (l)

5.

6. #追加列表，整个列表也被当成一个元素

7. l. append(['Ruby', 'SQL'])

8. print (l)

运行结果：

['Python', 'C++', 'Java', 'PHP']

['Python', 'C++', 'Java', 'PHP', ['Ruby', 'SQL']]

读者可以看到，当用 append() 方法传递列表时，此方法会将它们视为一个整体，作为一个元素添加到列表中，从而形成包含列表和元组的新列表。

（2）方法 2：Python extend() 方法添加元素。extend() 和 append() 的不同之处在于：extend() 不会把添加的列表（或者元组）视为一个整体，而是把它们包含的元素逐个添加到列表中。

extend() 方法的语法格式如下：

listname. extend(obj)

其中，listname 指的是要添加元素的列表；obj 表示要添加到列表末尾的数据，它可以是单个元素，也可以是列表、元组等，但不能是单个的数字。请看下面的演示：

1. l = ['Python', 'C++', 'Java']

2. #追加元素

3. l. extend('C')

4. print (l)

5.

6. #追加列表，列表也被拆分成多个元素

7. l. extend(['Ruby', 'SQL'])

8. print (l)

运行结果：

['Python', 'C++', 'Java', 'C']

['Python', 'C++', 'Java', 'C', 'JavaScript', 'C#', 'Go', 'Ruby', 'SQL']

（3）方法 3：Python insert() 方法添加元素。append() 和 extend() 方法只能在列表末尾插入元素，如果希望在列表中间某个位置插入元素，那么可以使用 insert() 方法。

insert() 的语法格式如下：

listname. insert(index , obj)

其中，index 表示指定位置的索引值。insert() 会将 obj 插入到 listname 列表第 index 个元素的位置。当插入列表或者元组时，insert() 也会将它们视为一个整体，作为一个元素插入到列表中，这一点和 append() 是一样的。请看以下示例：

1. l = ['Python', 'C++', 'Java'] #插入元素

2. l. insert(1, 'C')

3. print (l)

4. #插入列表，整个列表被当成一个元素

5. l. insert(3, ['Ruby', 'SQL'])

6. print (l)

7. #插入字符串，整个字符串被当成一个元素

8. l. insert(0, "http://www. gsj. com")

9. print (l)

输出结果：

['Python', 'C', 'C++', 'Java']

['Python', 'C', ('C#', 'Go'), ['Ruby', 'SQL'], 'C++', 'Java']

['http://www. gsj. com', 'Python', 'C', ('C#', 'Go'), ['Ruby', 'SQL'], 'C++', 'Java']

值得注意的是，insert() 主要用来在列表的中间位置插入元素，如果读者仅仅希望在列表的末尾追加元素，更建议使用 append() 或 extend()。

### 3.2.7 列表中删除元素

在 Python 列表中删除元素主要分为以下三种场景：①根据目标元素所在位置的索引进行删除，可以使用 del 关键字或者 pop() 方法；②根据元素本身的值进行删除，可使用列表（list 类型）提供的 remove() 方法；③将列表中所有元素全部删除，可使用列表（list 类型）提供的 clear() 方法。

（1）del：根据索引值删除元素。del 是 Python 中的关键字，专门用来执行删除操作，它不仅可以删除整个列表，还可以删除列表中的某些元素。我们已经在"Python 列表"中讲解了如何删除整个列表，所以本节只讲解如何删除列表元素。

del 可以删除列表中的单个元素，格式为：

del listname［index］

其中，listname 表示列表名称，index 表示元素的索引值。del 也可以删除中间一段连续的元素，格式为：

del listname[start：end]

其中，start 表示起始索引，end 表示结束索引。del 会删除从索引 start 到 end 之间的元素，不包括 end 位置的元素。

【示例】使用 del 删除单个列表元素：

1. lang = ["Python", "C++", "Java", "PHP", "Ruby", "MATLAB"]

2.

3. #使用正数索引

4. del lang[2]

5. print (lang)

6.

7. #使用负数索引

8. del lang[-2]

9. print (lang)

运行结果：

['Python', 'C++', 'PHP', 'Ruby', 'MATLAB']

['Python', 'C++', 'PHP', 'MATLAB']

【示例】使用 del 删除一段连续的元素:

1. lang = ["Python", "C++", "Java", "PHP", "Ruby", "MATLAB"]

2.

3. del lang[1: 4]

4. print (lang)

5.

6. lang. extend(["SQL", "C#", "Go"])

7. del lang[-5: -2]

8. print (lang)

运行结果:

['Python', 'Ruby', 'MATLAB']

['Python', 'C#', 'Go']

(2) pop():根据索引值删除元素。Python pop() 方法用来删除列表中指定索引处的元素,具体格式如下:

listname. pop(index)

其中,listname 表示列表名称,index 表示索引值。如果不写 index 参数,默认会删除列表中的最后一个元素,类似于数据结构中的"出栈"操作。

pop() 用法举例:

1. nums = [40, 36, 89, 2, 36, 100, 7]

2. nums. pop(3)

3. print (nums)

4. nums. pop()

5. print (nums)

运行结果:

[40, 36, 89, 36, 100, 7]

[40, 36, 89, 36, 100]

大部分编程语言都会提供和 pop() 相对应的方法,就是 push()。该方法用来将元素添加到列表的尾部,类似于数据结构中的"入栈"操作。但是 Python 是个例外,Python 并没有提供 push() 方法,因为完全可以使用 append() 来实现 push() 的功能。

(3) remove():根据元素值进行删除。除了 del 关键字,Python 还提供了 remove() 方法,该方法会根据元素本身的值来进行删除操作。需要注意的是,remove() 方法只会删除第一个和指定值相同的元素,而且必须保证该元素是存在的,否则会引发 ValueError 错误。

remove() 方法使用示例：

1. nums = [40, 36, 89, 2, 36, 100, 7]

2. nums. remove(36) #第一次删除 36

3. print (nums)

4. #第二次删除 36

5. nums. remove(36)

6. print (nums)

7. #删除 78

8. nums. remove(78)

9. print (nums)

运行结果：

[40, 89, 2, 36, 100, 7]

[40, 89, 2, 100, 7]

Traceback (most recent call last)：

    File "C: \Users\mozhiyan\Desktop\demo. py", line 9, in <module>

        nums. remove(78)

ValueError: list. remove(x)： x not in list

最后一次删除，因为 78 不存在导致报错，所以我们在使用 remove() 删除元素时最好提前判断一下。

（4）clear()：删除列表所有元素。Python clear() 用来删除列表的所有元素，也即清空列表，请看以下示例：

1. url = list("http: //www. gsj. com")

2. url. clear()

3. print (url)

尝试试编写上述代码并观察结果。

### 3.2.8 列表中修改元素

Python 提供了两种修改列表（list）元素的方法，可以每次修改单个元素，也可以每次修改一组元素（多个）。

（1）修改单个元素。修改单个元素非常简单，直接对元素赋值即可。请看以下示例：

1. nums = [40, 36, 89, 2, 36, 100, 7]

2. nums[2] = -26        #使用正数索引

3. nums[-3] = -66. 2     #使用负数索引

4. print (nums)

运行结果:

[40, 36, -26, 2, -66. 2, 100, 7]

也即,使用索引得到列表元素后,通过=赋值就改变了元素的值。

(2)修改一组元素。Python 支持通过切片语法给一组元素赋值。在进行这种操作时,如果不指定步长(step 参数),Python 就不要求新赋值的元素个数与原来的元素个数相同。这就意味着,该操作既可以为列表添加元素,也可以为列表删除元素。

以下示例演示了如何修改一组元素的值:

1. nums = [40, 36, 89, 2, 36, 100, 7]

2.

3. #修改第 1~4 个元素的值(不包括第 4 个元素)

4. nums[1: 4] = [45. 25, -77, -52. 5]

5. print (nums)

运行结果:

[40, 45. 25, -77, -52. 5, 36, 100, 7]

如果对空切片(slice)赋值,就相当于插入一组新的元素:

1. nums = [40, 36, 89, 2, 36, 100, 7]

2. #在 4 个位置插入元素

3. nums[4: 4] = [-77, -52. 5, 999]

4. print (nums)

运行结果:

[40, 36, 89, 2, -77, -52. 5, 999, 36, 100, 7]

但需要注意的是,使用切片语法赋值时,Python 不支持单个值。例如,下面的写法就是错误的:

nums [4: 4] = -77

但是如果使用字符串赋值,Python 会自动把字符串转换成序列,其中每个字符都是一个元素,请看以下示例:

s = list("Hello")

s[2:4] = "XYZ"

print(s)

运行结果:

['H', 'e', 'X', 'Y', 'Z', 'o']

使用切片语法时也可以指定步长(step 参数),但这个时候就要求所赋值的新元素的个数与原有元素的个数相同,例如:

1. nums = [40, 36, 89, 2, 36, 100, 7]

2. #步长为 2,为第 1、3、5 个元素赋值

3. nums[1: 6: 2] = [0. 025, -99, 20. 5]

4. print (nums)

运行结果:

[40, 0. 025, 89, -99, 36, 20. 5, 7]

### 3. 2. 9 列表中查找元素

Python 列表 (list) 提供了 index() 和 count() 方法, 它们都可以用来查找元素。

(1) index()方法。index() 方法用来查找某个元素在列表中出现的位置 (也就是索引)。如果该元素不存在, 则会导致 ValueError 错误, 所以在查找之前最好使用 count () 方法预先判断。

index() 的语法格式为:

listname. index(obj, start, end)

其中, listname 表示列表名称, obj 表示要查找的元素, start 表示起始位置, end 表示结束位置。start 和 end 参数用来指定检索范围: 如果 start 和 end 都不写, 此时会检索整个列表; 如果只写 start 不写 end, 那么表示检索从 start 到末尾的元素; 如果 start 和 end 都写, 那么表示检索 start 和 end 之间的元素。

index() 方法会返回元素所在列表中的索引值。

index() 用法示例:

1. nums = [40, 36, 89, 2, 36, 100, 7, -20. 5, -999]

2. #检索列表中的所有元素

3. print ( nums. index(2) )

4. #检索 3~7 之间的元素

5. print ( nums. index(100, 3, 7) )

6. #检索 4 之后的元素

7. print ( nums. index(7, 4) )

8. #检索一个不存在的元素

9. print ( nums. index(55) )

运行结果:

3

5

6

Traceback (most recent call last):

    File "C: \Users\mozhiyan\Desktop\demo. py", line 9, in <module>

        print( nums. index(55) )

ValueError: 55 is not in list

（2）count 方法。count( ) 方法用来统计某个元素在列表中出现的次数，基本语法格式为：

listname. count(obj)

其中，listname 表示列表名，obj 表示要统计的元素。

如果 count( ) 返回 0，就表示列表中不存在该元素，所以 count( ) 也可以用来判断列表中的某个元素是否存在。

count( ) 用法示例：

1. nums = [40, 36, 89, 2, 36, 100, 7, -20. 5, 36]

2. #统计元素出现的次数

3. print ("36 出现了%d 次" % nums. count(36) )

4. #判断一个元素是否存在

5. if nums. count(100):

6.　　　print ("列表中存在 100 这个元素")

7. else :

8.　　　print ("列表中不存在 100 这个元素")

运行结果：

36 出现了 3 次

列表中存在 100 这个元素

上述代码出现了条件控制语句，该知识点将在下单元讲述。读者如果不理解本段代码，待学习完下个单元再来回顾本节内容。

# 3.3　Python tuple 元组

### 3.3.1 本节重点

● 理解并掌握 Python tuple 元组类型的用法

### 3.3.2 元组类型

元组（tuple）是 Python 中另一个重要的序列结构，和列表类似，元组也是由一系列按特定顺序排序的元素组成的。元组和列表（list）的不同之处在于：列表的元素是可以更改的，包括修改元素值、删除和插入元素，所以列表是可变序列；而元组一旦被创建，它的元素就不可更改了，所以元组是不可变序列。换句话说，元组也可以看作是不可变的列表。通常情况下，元组用于保存无需修改的内容。

从形式上看，元组的所有元素都放在一对小括号( )中，相邻元素之间用逗号, 分隔，如下所示：

(element1, element2, . . . , elementn)

其中 element1~elementn 表示元组中的各个元素，个数没有限制，只要是 Python 支持的数据类型就可以。从存储内容上看，元组可以存储整数、实数、字符串、列表、元组等任何类型的数据，并且在同一个元组中元素的类型可以不同，例如：

("I love gsj", 1, [2, 'a'], ("abc", 3.0))

在上述元组示例中，有多种类型的数据，包括整形、字符串、列表、元组本身。

另外，我们都知道，列表的数据类型是 list，那么元组的数据类型是什么呢？我们不妨通过 type() 函数来查看：

>>> type( ("I love gsj", 1, [2, 'a'], ("abc", 3.0)) )

<class 'tuple'>

读者可以看到,元组是 tuple 类型。这也是很多教程中用 tuple 指代元组的原因。

### 3.3.3 创建元组

Python 提供了两种创建元组的方法，下面一一进行介绍。

（1）使用括号()创建。通过()创建元组后，一般使用=将它赋值给某个变量，具体格式为：

tuplename = (element1, element2, . . . , elementn)

其中，tuplename 表示变量名，element1 ~ elementn 表示元组的元素。例如，以下的元组都是合法的：

1. num = (7, 14, 21, 28, 35)

2. course = ("GSJ 网址", "http://www.gsj.com/")

3. abc = ( "gsj", 19, [1, 2], ('c', 2.0) )

在 Python 中，元组通常使用一对小括号将所有元素包围起来，但小括号不是必须的，只要将各元素用逗号隔开，Python 就会将其视为元组，请看下面的例子：

1. course = "GSJ 网址", "http://www.gsj.com"

2. print (course)

运行结果：

('GSJ 网址', 'http://www.gsj.com')

需要注意的一点是，当创建的元组中只有一个字符串类型的元素时，该元素后面必须要加一个逗号，否则 Python 解释器会将它视为字符串。请看下面的代码：

1. #最后加上逗号

2. a = ("http://www.gsj.com/", )

3. print (type(a))

4. print (a)

5.

6. #最后不加逗号

7. b = ("http://www.gsj.com/")

8. print (type(b))

9. print (b)

运行结果：

<class 'tuple'>

('http://www.gsj.com/', )

<class 'str'>

http://www.gsj.com /

读者可以看到，只有变量 a 才是元组，后面的变量 b 是一个字符串。

（2）使用 tuple()函数创建元组。除了使用( )创建元组外，Python 还提供了一个内置的函数 tuple()，用来将其他数据类型转换为元组类型。

tuple()的语法格式如下：

tuple(data)

其中，data 表示可以转化为元组的数据，包括字符串、元组、range 对象等。tuple()使用示例：

1. #将字符串转换成元组

2. tup1 = tuple("hello")

3. print (tup1)

4.

5. #将列表转换成元组

6. list1 = ['Python', 'Java', 'C++', 'JavaScript']

7. tup2 = tuple(list1)

8. print (tup2)

9.

10. #将字典转换成元组

11. dict1 = {'a': 100, 'b': 42, 'c': 9}

12. tup3 = tuple(dict1)

13. print (tup3)

14.

15. #将区间转换成元组

16. range1 = range(1, 6)

17. tup4 = tuple(range1)

18. print (tup4)

19.

20. #创建空元组

21. print (tuple( ) )

运行结果：

('h', 'e', 'l', 'l', 'o')

('Python', 'Java', 'C++', 'JavaScript')

('a', 'b', 'c')

(1, 2, 3, 4, 5)

( )

### 3.3.4 访问元组元素

和列表一样，我们可以使用索引（Index）访问元组中的某个元素（得到的是一个元素的值），也可以使用切片访问元组中的一组元素（得到的是一个新的子元组）。使用索引访问元组元素的格式为：

tuplename［i］

其中，tuplename 表示元组名字，i 表示索引值。元组的索引可以是正数，也可以是负数。

使用切片访问元组元素的格式为：

tuplename［start: end: step］

其中，start 表示起始索引，end 表示结束索引，step 表示步长。具体代码演示如下：

1. url = tuple("http://www. gsj. com/xinxixi/")

2. #使用索引访问元组中的某个元素

3. print (url[3])　　　　　　#使用正数索引

4. print (url[-4])　　　　　　#使用负数索引

5.

6. #使用切片访问元组中的一组元素

7. print (url[9: 18])　　　　　#使用正数切片

8. print (url[9: 18: 3])　　　　#指定步长

9. print (url[-6: -1])　　　　　#使用负数切片

运行结果：

p

i

('w', '. ', 'g', 's', 'j', '. ', 'c', 'o', 'm')

('w', 's', 'c')

('n', 'x', 'i', 'x', 'i')

### 3.3.5　修改元组元素

前面我们已经说过，元组是不可变序列，元组中的元素不能被修改，所以我们只能创建一个新的元组去替代旧的元组。

例如，对元组变量进行重新赋值：

1. tup =（100, 0. 5, -36, 73）

2. print（tup）

3. #对元组进行重新赋值

4. tup =（'GSJ 网址', "http: //www. gsj. com"）

5. print（tup）

运行结果：

（100, 0. 5, -36, 73）

（'GSJ 网址', 'http: //www. gsj. com'）

另外，还可以通过连接多个元组（使用+可以拼接元组）的方式向元组中添加新元素，例如：

1. tup1 =（100, 0. 5, -36, 73）

2. tup2 =（3+12j, -54. 6, 99）

3. print（tup1+tup2）

4. print（tup1）

5. print（tup2）

运行结果：

（100, 0. 5, -36, 73,（3+12j）, -54. 6, 99）

（100, 0. 5, -36, 73）

（（3+12j）, -54. 6, 99）

读者可以看到，使用+拼接元组以后，tup1 和 tup2 的内容没法发生改变，这说明生成的是一个新的元组。

### 3.3.6　删除元组元素

当创建的元组不再使用时，读者可以通过 del 关键字将其删除，例如：

1. tup =（'GSJ 网址', "http: //www. gsj. com"）

2. print（tup）

3. del tup

4. print（tup）

运行结果：

（'GSJ 网址', 'http: //www. gsj. com'）

Traceback (most recent call last):
　　File "D:/PythonProject/LessonTeacher/Lesson18/test. py", line 4, in <module>
　　　print(tup)
NameError: name 'tup'is not defined

值得注意的是,Python 自带垃圾回收功能，会自动销毁不用的元组，所以一般不需要通过 del 来手动删除。

## 3.4　Python dict 字典

### 3.4.1 **本节重点**

- 理解并掌握 Python dict 字典类型的用法

### 3.4.2 **字典类型**

Python 字典（dict）是一种无序的、可变的序列，它的元素以"键值对（key-value）"的形式存储。而列表（list）和元组（tuple）都是有序的序列，它们的元素在底层是有序存放的。字典类型是 Python 中唯一的映射类型。"映射"是数学中的术语，指的是元素之间相互对应的关系，即通过一个元素，可以找到唯一的另一个元素。

字典中，我们习惯将各元素对应的索引称为键（key），各个键对应的元素称为值（value），键及其关联的值称为"键值对"。字典类型很像学生时代常用的新华字典。我们知道，通过新华字典中的音节表，可以快速找到想要查找的汉字。其中，新华字典里的音节表就相当于字典类型中的键，而拼音对应的汉字则相当于键对应的值。总的来说，字典类型的主要特征如表 3-2 所示。

表 3-2　Python **字典特征**

| 主要特征 | 解释 |
| --- | --- |
| 通过键而不是通过索引来读取元素 | 字典类型有时也被称为关联数组或者散列表（hash）。它通过键将一系列的值联系起来，这样就可以通过键从字典中获取指定项，但不能通过索引来获取 |
| 字典是任意数据类型的无序集合 | 列表、元组通常会将索引值 0 对应的元素称为第一个元素，而字典中的元素是无序的 |
| 字典是可变的，并且可以任意嵌套 | 字典可以在原处增长或缩短（无需生成一个副本），并且它支持任意深度的嵌套，即字典存储的值也可以是列表或其他的字典 |
| 字典中的键必须唯一 | 字典不支持同一个键出现多次，否则只会保留最后一个键值对 |

续表

| 主要特征 | 解释 |
|---|---|
| 字典中的键必须不可变 | 字典中每个键值对的键是不可变的，只能使用数字、字符串或者元组，不能使用列表 |

和列表、元组一样，字典也有它自己的类型。Python 中，字典的数据类型为 dict，通过 type() 函数即可查看：

>>> a = {'one': 1, 'two': 2, 'three': 3}　#a 是一个字典类型
>>> type(a)
<class 'dict'>

### 3.4.3　创建字典

创建字典的方式主要有三种，本节逐一介绍。

（1）使用大括号 {} 创建字典。字典中每个元素都包含两部分，分别是键（key）和值（value），因此在创建字典时，键和值之间使用冒号: 分隔，相邻元素之间使用逗号,分隔，所有元素放在大括号 {} 中。

使用 {} 创建字典的语法格式如下：

dictname = {'key': 'value1', 'key2': 'value2', ..., 'keyn': valuen}

其中 dictname 表示字典变量名，key : value 表示各个元素的键值对。需要注意的是，同一字典中的各个键必须唯一，不能重复。如下代码示范了如何使用大括号语法创建字典：

1.#使用字符串作为 key
2. scores = {'数学': 95, '英语': 92, '语文': 84}
3. print (scores)
4. #使用元组和数字作为 key
5. dict1 = {(20, 30): 'great', 30: [1, 2, 3]}
6. print (dict1)
7. #创建空元组
8. dict2 = {}
9. print (dict2)

运行结果：

{'数学': 95, '英语': 92, '语文': 84}
{(20, 30): 'great', 30: [1, 2, 3]}
{}

读者可以看到，字典的键可以是整数、字符串或者元组，只要符合唯一和不可变的特性就可以；字典的值可以是 Python 支持的任意数据类型。

（2）使用 fromkeys() 创建字典。还可以使用 dict 字典类型提供的 fromkeys() 方法创建带有默认值的字典，具体格式为：

dictname = dict. fromkeys(list, value = None)

其中，list 参数表示字典中所有键的列表（list）；value 参数表示默认值，如果不写，则为空值 None。示例如下：

1. knowledge = ['Python', '数学', '英语']

2. scores = dict. fromkeys(knowledge, 60)

3. print(scores)

运行结果：

{'Python': 60, '英语': 60, '数学': 60}

读者可以看到，knowledge 列表中的元素全部作为了 scores 字典的键，而各个键对应的值都是 60。这种创建方式通常用于初始化字典，设置 value 的默认值。

（3）使用 dict() 映射函数创建字典。通过 dict() 函数创建字典的写法有多种，表 3-3 罗列出了常用的几种方式，它们创建的都是同一个字典 a。

表 3-3　dict() 函数创建字典

| 创建格式 | 注意事项 |
| --- | --- |
| #方式 1<br>a = dict(str1 = value1,<br>str2 = value2, str3 = value3) | str 表示字符串类型的键，value 表示键对应的值。使用此方式创建字典时，字符串不能带引号 |
| #方式 2<br>demo = [('tow', 2), ('one', 1), ('three', 3)]<br>a = dict(demo) | 向 dict() 函数传入列表或元组，而它们中的元素又各自是包含 2 个元素的列表或元组，其中第 1 个元素作为键，第 2 个元素作为值 |
| #方式 3<br>keys = ['one', 'two', 'three']<br>values = [1, 2, 3]<br>a = dict(zip(keys, values)) | 应用 dict() 函数和 zip() 函数，可将前两个列表转换为对应的字典。keys 和 values 中的元素还可以是字符串或元组 |

注意，无论采用表中哪种方式创建字典，字典中各元素的键都只能是字符串、元组或数字，不能是列表，因为列表是可变的，不可作为键 key。

另外，如果不为 dict() 函数传入任何参数，则代表创建一个空的字典，例如：

1. # 创建空的字典

2. d = dict()

3. print(d)

运行结果:

{}

### 3.4.4 访问字典

列表和元组是通过下标来访问元素的,而字典不同,它通过键来访问对应的值。因为字典中的元素是无序的,每个元素的位置都不固定,所以字典不能像列表和元组那样,采用切片的方式一次性访问多个元素。Python 访问字典元素的具体格式为:

dictname [key]

其中,dictname 表示字典变量的名字,key 表示键名。注意,键必须是存在的,否则会抛出异常。示例如下:

1. tp = (['two', 26], ['one', 88], ['three', 100], ['four', -59])

2. dic = dict(tp)

3. print(dic['one']) #键存在

4. print(dic['five']) #键不存在

运行结果:

88

Traceback (most recent call last):

　　File "C: \Users\mozhiyan\Desktop\demo. py", line 4, in <module>

　　　　print(dic['five']) 　#键不存在

KeyError: 'five'

除了上面这种方式外,Python 更推荐使用 dict 类型提供的 get() 方法来获取指定键对应的值。当指定的键不存在时,不会像上面代码一样抛出异常。

get() 方法的语法格式为:

dictname. get(key[, default])

其中,dictname 表示字典变量的名字;key 表示指定的键;default 用于指定要查询的键不存在时返回的默认值,如果不手动指定,会返回 None。

get() 使用示例:

1. a = dict(two = 0. 65, one = 88, three = 100, four = -59)

2. print( a. get('one') )

运行结果:

88

注意,当键不存在时,get() 返回空值 None,如果想明确地提示用户该键不存在,那么可以手动设置 get( ) 的第二个参数，例如：

1. a = dict(two = 0. 65, one = 78, three = 100, four = −59)

2. print ( a. get('five', '此键不存在') )

运行结果：

此键不存在

### 3.4.5 删除字典

和删除列表、元组一样，手动删除字典也可以使用 del 关键字，例如：

1. a = dict(two = 0. 5, one = 880, three = 1000, four = −509)

2. print (a)

3. del a

4. print (a)

运行结果：

{'two': 0. 5, 'one': 880, 'three': 1000, 'four': −509}

Traceback (most recent call last):

  File "C: \Users\mozhiyan\Desktop\demo. py", line 4, in <module>

    print(a)

NameError: name 'a' is not defined

但其实 Python 自带垃圾回收功能，会自动销毁不用的字典，所以一般不需要通过 del 来手动删除。

### 3.4.6 字典添加键值对

为字典添加新的键值对很简单，直接给不存在的 key 赋值即可，具体语法格式如下：

dictname[key] = value

其中，dictname 表示字典名称；key 表示新的键；value 表示新的值，只要是 Python 支持的数据类型都可以。

代码演示如下：

1. a = {'数学': 95}

2. print (a)

3. #添加新键值对

4. a['Python'] = 89

5. print (a)

6. #再次添加新键值对

7. a['英语'] = 90

8. print（a）

运行结果：

{'数学': 95}

{'数学': 95, 'Python': 89}

{'数学': 95, 'Python': 89, '英语': 90}

### 3.4.7 字典修改键值对

在这里，首先需要注意的是，Python 字典中键（key）的名字不能被修改，只能修改值（value）。字典中各元素的键必须是唯一的，因此，如果新添加元素的键与已存在元素的键相同，那么键所对应的值就会被新的值替换掉，以此达到修改元素值的目的。示例如下：

1. a = {'数学': 95, 'Python': 89, '英语': 90}

2. print（a）

3. a['Python'] = 100

4. print（a）

运行结果：

{'数学': 95, 'Python': 89, '英语': 90}

{'数学': 95, 'Python': 100, '英语': 90}

从上述代码运行结果可以看出，字典中没有再添加一个 {'Python': 100} 键值对，而是对原有键值对 {'Python': 89} 中的 value 做了修改。

### 3.4.8 字典删除键值对

如果要删除字典中的键值对，还可以使用 del 语句。例如：

1. # 使用 del 语句删除键值对

2. a = {'数学': 95, 'Python': 89, '英语': 90}

3. del a['Python']

4. del a['数学']

5. print（a）

运行结果：

{'英语': 90}

### 3.4.9 判断键值对是否存在

如果要判断字典中是否存在指定键值对，首先应判断字典中是否有对应的键。判断字典是否包含指定键值对的键，可以使用 in 或 not in 运算符。需要指出的是，对于 dict 而言，in 或 not in 运算符都是基于 key 来判断的。代码演示如下：

1. a = {'数学': 95, 'Python': 89, '英语': 90}

2. # 判断 a 中是否包含名为'数学'的 key

3. print ('数学'in a) # True

4. # 判断 a 是否包含名为'物理'的 key

5. print ('C++'in a) # False

运行结果：

True

False

通过 in（或 not in）运算符，我们可以很轻易地判断出现有字典中是否包含某个键。如果存在，通过键可以很轻易地获取对应的值，因此很容易就能判断出字典中是否有指定的键值对。

### 3.4.10 字典方法

Python 字典的数据类型为 dict。Python 提供了 dir（dict）函数，用来查看该类型包含哪些方法。执行该函数，我们可以看到字典提供了哪些方法供我们调用。

>>> dir(dict)

['clear', 'copy', 'fromkeys', 'get', 'items', 'keys', 'pop', 'popitem', 'setdefault', 'update', 'values']

对于上述这些方法，本节会介绍其中一些常用的方法，不会面面俱到。未阐述到的，读者可以自行调阅源代码并编写例子熟悉。

（1）keys（）、values（）和 items（）方法。将这三种方法放在一起介绍，是因为它们都能用来获取字典中的特定数据。从字面意思可以知道：keys（）方法用于返回字典中的所有键（key）；values（）方法用于返回字典中所有键对应的值（value）；items（）方法用于返回字典中所有的键值对（key-value）。代码演示如下：

1. scores = {'数学': 95, 'Python': 89, '英语': 90}

2. print (scores. keys（）)

3. print (scores. values（）)

4. print (scores. items（）)

运行结果：

dict_keys（['数学', 'Python', '英语']）

dict_values（[95, 89, 90]）

dict_items（[('数学', 95), ('Python', 89), ('英语', 90)]）

读者可以发现，keys（）、values（）和 items（）返回值的类型分别为 dict_keys、dict_values 和 dict_items。

（2）copy（）方法。copy（）方法返回一个字典的拷贝，也即返回一个具有相同键值对的新字典，例如：

1. a= {'one': 1, 'two': 2, 'three': [1, 2, 3]}

2. b= a. copy( )

3. print (b)

运行结果:

{'one': 1, 'two': 2, 'three': [1, 2, 3]}

读者可以看到, copy( ) 方法将字典 a 的数据全部拷贝给了字典 b。

此处, 需要给读者补充一下深拷贝和浅拷贝的知识。copy( ) 方法所遵循的拷贝原理, 既有深拷贝, 也有浅拷贝。以拷贝字典 a 为例, copy( ) 方法只会对最表层的键值对进行深拷贝, 也就是说, 它会再申请一块内存用来存放 {'one': 1, 'two': 2, 'three': [ ]}; 而对于某些列表类型的值来说, 此方法对其做的是浅拷贝, 也就是说, b 中的 [1, 2, 3] 的值不是自己独有, 而是和 a 共有的。关于深拷贝和浅拷贝, 读者可以通过下面的例子加深理解:

1. a= {'one': 1, 'two': 2, 'three': [1, 2, 3]}

2. b= a. copy( )

3. a['four'] =100 #a 添加新键值对, 不会影响 b.

4. print (a)

5. print (b)

6. #由于 b 和 a 共享[1, 2, 3](浅拷贝), 因此移除 a 中列表中的元素, 也会影响 b.

7. a['three']. remove(1)

8. print (a)

9. print (b)

运行结果:

{'one': 1, 'two': 2, 'three': [1, 2, 3], 'four': 100}

{'one': 1, 'two': 2, 'three': [1, 2, 3]}

{'one': 1, 'two': 2, 'three': [2, 3], 'four': 100}

{'one': 1, 'two': 2, 'three': [2, 3]}

从运行结果不难看出, 对 a 增加新键值对, b 不变; 而修改 a 某键值对中列表内的元素, b 也会相应改变。

（3） update( ) 方法。update( ) 方法可以使用一个字典所包含的键值对来更新已有的字典。在执行 update( ) 方法时, 如果被更新的字典中已包含对应的键值对, 那么原 value 会被覆盖; 如果被更新的字典中不包含对应的键值对, 则该键值对会被添加进去。请看以下示例:

1. a= {'one': 1, 'two': 2, 'three': 3}

2. a. update({'one': 4. 5, 'four': 9. 3})

3. print (a)

运行结果:

{'one': 4. 5, 'two': 2, 'three': 3, 'four': 9. 3}

从运行结果可以看出，被更新的字典中已包含 key 为"one"的键值对，因此更新时该键值对的 value 将被改写；而被更新的字典中不包含 key 为"four"的键值对，所以更新时会为原字典增加一个新的键值对。

（4） pop（ ）和 popitem（ ）方法。pop() 和 popitem() 都用来删除字典中的键值对。不同的是，pop() 用来删除指定的键值对，而 popitem() 用来随机删除一个键值对，它们的语法格式如下：

dictname. pop(key)

dictname. popitem( )

其中，dictname 表示字典名称；key 表示键。以下示例演示了两个函数的用法：

1. a = {'数学': 95, 'Python': 89, '英语': 90, 'C++': 83, 'Network': 98, 'OS': 89}

2. print （a）

3. a. pop('化学')

4. print （a）

5. a. popitem( )

6. print （a）

运行结果:

{'数学': 95, 'Python': 89, '英语': 90, 'C++': 83, 'Network': 98, 'OS': 89}

{'数学': 95, 'Python ': 89, '英语': 90, 'Network ': 98, 'OS': 89}

{'数学': 95, 'Python ': 89, '英语': 90, 'Network': 98}

其实直接说 popitem() 随机删除字典中的一个键值对是不准确的。虽然字典是一种无序的列表，但键值对在底层也是有存储顺序的。popitem( ) 总是弹出底层中的最后一个 key-value，这和列表的 pop ()方法类似，都实现了数据结构中"出栈"的操作。

（5） setdefault（ ）方法。setdefault() 方法用来返回某个 key 对应的 value，其语法格式如下：

dictname. setdefault(key, defaultvalue)

需要说明的是，dictname 表示字典名称；key 表示键；defaultvalue 表示默认值（可以不写，不写的话是 None）。当指定的 key 不存在时，setdefault() 会先为这个不存在的 key 设置一个默认的 defaultvalue，然后再返回 defaultvalue。也就是说，setdefault() 方法总能返回指定 key 对应的 value：如果该 key 存在，那么直接返回该 key 对应的 value；如果该 key 不存在，那么先为该 key 设置默认的 defaultvalue，然后再返回该 key 对应的 defaultvalue。代码演示如下：

1. a = {'数学': 95, 'Python': 89, '英语': 90}

2. print （a）

3. a. setdefault('C++', 94)　　　　#key 不存在, 指定默认值

4. print (a)

5. a. setdefault('Java')　　　　　#key 不存在, 不指定默认值

6. print (a)

7. #key 存在, 指定默认值

8. a. setdefault('数学', 100)

9. print (a)

运行结果:

{'数学': 95, 'Python ': 89, '英语': 90}

{'数学': 95, 'Python ': 89, '英语': 90, 'C++': 94}

{'数学': 95, 'Python ': 89, '英语': 90, 'C++': 94, 'Java': None}

{'数学': 95, 'Python ': 89, '英语': 90, 'C++': 94, 'Java': None}

# 3.5　Python set 集合

### 3.5.1 本节重点

- 理解并掌握 Python set 集合类型的用法

### 3.5.2 集合类型

Python 中的集合, 和数学中的集合概念一样, 用来保存不重复的元素, 即集合中的元素都是唯一的, 互不相同。从形式上看, Python 集合和字典类似, 会将所有元素放在一对大括号 {} 中, 相邻元素之间用逗号分隔, 如下所示:

{element1, element2, . . . , elementn}

其中, elementn 表示集合中的元素, 个数没有限制。

从内容上看, 同一集合中只能存储不可变的数据类型, 包括整形、浮点型、字符串、元组, 无法存储列表、字典、集合这些可变的数据类型, 否则 Python 解释器会抛出 TypeError 错误。需要注意的是, 数据必须是唯一的, 因为集合对于每种数据元素, 只会保留一份。Python 中的 set 集合是无序的, 所以每次输出时元素的顺序可能都不相同。

### 3.5.3 创建集合

Python 提供了两种创建 set 集合的方法, 分别是使用 {} 创建和使用 set ( ) 函数将列表、元组等类型数据转换为集合。

（1）使用 {} 创建。在 Python 中, 创建 set 集合可以像列表、元素和字典一样,

直接将集合赋值给变量，从而实现创建集合的目的，其语法格式如下：

setname = {element1, element2, ..., elementn}

其中，setname 表示集合的名称，起名时既要符合 Python 命名规范，也要避免与 Python 内置函数重名。示例如下：

1. a = {1, 'c', 1, (1, 2, 3), 'c'}

2. print (a)

运行结果：

{1, 'c', (1, 2, 3)}

（2）使用 set ( ) 函数创建。set( ) 函数为 Python 的内置函数，其功能是将字符串、列表、元组、range 对象等可迭代对象转换成集合。该函数的语法格式如下：

setname = set(iteration)

其中，iteration 表示字符串、列表、元组、range 对象等数据。例如：

1. set1 = set("www. gsj. com")

2. set2 = set([1, 2, 3, 4, 5])

3. set3 = set((1, 2, 3, 4, 5))

4. print ("set1: ", set1)

5. print ("set2: ", set2)

6. print ("set3: ", set3)

运行结果：

set1: {'w', 's', '. ', 'j', 'c', 'g', 'm', 'o'}

set2: {1, 2, 3, 4, 5}

set3: {1, 2, 3, 4, 5}

注意，如果要创建空集合，只能通过 set( ) 函数实现。因为直接使用一对 {}，Python 解释器会将其视为一个空字典。

### 3.5.4 访问 set 集合元素

集合中的元素是无序的，因此无法像列表那样使用下标访问元素。Python 中，访问集合元素最常用的方法是，使用循环结构将集合中的数据逐一读取出来。例如：

1. a = {1, 'c', 1, (1, 2, 3), 'c'}

2. for ele in a:

3.      print (ele, end='')

运行结果：

1 c (1, 2, 3)

由于目前尚未学习循环结构，读者只需初步了解以上代码，后续学习循环结构后即可理解。

### 3.5.5 删除 set 集合元素

和其他序列类型一样，手动函数集合类型，也可以使用 del（）语句，例如：

1. a = {1, 'c', 1, (1, 2, 3), 'c'}
2. print（a）
3. del（a）
4. print（a）

运行结果：

{1, 'c', (1, 2, 3)}

Traceback（most recent call last）:

　　File "C:\Users\mengma\Desktop\1. py", line 4, in <module>

　　　print（a）

NameError: name 'a' is not defined

### 3.5.6 添加 set 集合元素

在 set 集合中添加元素，可以使用 set 类型提供的 add（）方法来实现，该方法的语法格式为：

setname. add（element）

其中，setname 表示要添加元素的集合；element 表示要添加的元素内容。需要注意的是，使用 add（）方法添加的元素，只能是数字、字符串、元组或者布尔类型（True 和 False）值，不能添加列表、字典、集合这类可变的数据，否则 Python 解释器会报 TypeError 错误。例如：

1. a = {1, 2, 3}
2. a. add（（1, 2））
3. print（a）
4. a. add（[1, 2]）
5. print（a）

运行结果：

{(1, 2), 1, 2, 3}

Traceback（most recent call last）:

　　File "C:\Users\mengma\Desktop\1. py", line 4, in <module>

　　　a. add（[1, 2]）

TypeError: unhashable type: 'list'

### 3.5.7 删除 set 集合元素

删除现有 set 集合中的指定元素，可以使用 remove() 方法，该方法的语法格式如下：

setname. remove(element)

使用此方法删除集合中元素，需要注意的是，如果被删除元素本就不包含在集合中，则此方法会抛出 KeyError 错误，例如：

1. a = {1, 2, 3}

2. a. remove(1)

3. print (a)

4. a. remove(1)

5. print (a)

运行结果：

{2, 3}

Traceback (most recent call last):

   File "C: \Users\mengma\Desktop\1. py", line 4, in <module>

     a. remove(1)

KeyError: 1

上面程序中，由于集合中的元素 1 已被删除，因此当再次尝试使用 remove() 方法删除时，会引发 KeyError 错误。如果我们不想在删除失败时令解释器提示 KeyError 错误，还可以使用 discard() 方法。此方法和 remove() 方法的用法完全相同，唯一的区别就是，当删除集合中元素失败时，此方法不会抛出任何错误。如以下示例：

1. a = {1, 2, 3}

2. a. remove(1)

3. print (a)

4. a. discard(1)

5. print (a)

运行结果：

{2, 3}

{2, 3}

### 3.5.8 set 集合的交集、并集以及差集运算

集合最常进行的操作就是交集、并集、差集以及对称差集运算，首先说明一下各个运算的含义。

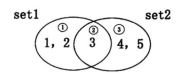

图 3-3　集合示意图

图 3-3 中，有两个集合，分别为 set1 = {1, 2, 3} 和 set2 = {3, 4, 5}，它们既有相同的元素，也有不同的元素。以这两个集合为例，分别做不同运算，结果如表 3-4 所示。

表 3-4　Python set 集合运算

| 运算操作 | Python 运算符 | 含义 | 例子 |
| --- | --- | --- | --- |
| 交集 | & | 取两集合公共的元素 | >>>set1 & set2{3} |
| 并集 | \| | 取两集合全部的元素 | >>>set1 \| set2{1, 2, 3, 4, 5} |
| 差集 | − | 取一个集合中另一集合没有的元素 | >>>set1−set2{1, 2}<br>>>>set2−set1{4, 5} |
| 对称差集 | ^ | 取集合 A 和 B 中不属于 A&B 的元素 | >>>set1 ^ set2{1, 2, 4, 5} |

### 3.5.9 frozenset 集合

set 集合是可变序列，程序可以改变序列中的元素；frozenset 集合是不可变序列，程序不能改变序列中的元素。set 集合中所有能改变集合本身的方法，比如 remove()、discard()、add() 等，frozenset 都不支持；set 集合中不改变集合本身的方法，fronzenset 都支持。

两种情况下可以使用 fronzenset：其一，当集合的元素不需要改变时，我们可以使用 fronzenset 替代 set，这样更加安全。其二，当程序要求必须是不可变对象时，也要使用 fronzenset 替代 set。forzenset 集合的代码演示如下：

1. s = {'Python', 'C', 'C++'}

2. fs = frozenset(['Java', 'Shell'])

3. s_sub = {'PHP', 'C#'}

4. #向 set 集合中添加 frozenset

5. s. add(fs)

6. print ('s =', s)

7. #向为 set 集合添加子 set 集合

8. s. add(s_sub)

9. print ('s =', s)

运行结果:

s = {'Python', frozenset({'Java', 'Shell'}), 'C', 'C++'}

Traceback (most recent call last):

    File "C:\Users\mozhiyan\Desktop\demo.py", line 11, in <module>

        s.add(s_sub)

TypeError: unhashable type: 'set'

需要注意的是，set 集合本身的元素必须是不可变的，所以 set 的元素不能是 set，只能是 frozenset。在第 6 行代码向 set 中添加 frozenset 是没问题的，因为 frozenset 是不可变的。但是在第 10 行代码中尝试向 set 中添加子 set，这是不允许的，因为 set 是可变的。

上述各小节介绍的都是集合中最常用的操作，如在集合中添加、删除元素，以及在集合之间做交集、并集、差集等运算。除此之外，集合还有很多其他的方法，大家可以通过 dir(set)命令查看具体有哪些方法。受到篇幅的限制，读者可以查阅源代码了解这些知识。

# 3.6　Python 字符串

### 3.6.1 本节重点

- 理解并掌握字符串类型的用法

### 3.6.2 字符串类型

字符串的意思就是"一串字符"，比如"Hello, GSJ"是一个字符串，"How are you?"也是一个字符串。Python 要求字符串必须被引号括起来，单引号也行，双引号也行，只要两边的引号能配对即可。接下来我们就开始学习字符串类型的各种操作。

### 3.6.3 字符串与字符串拼接

在 Python 中拼接（连接）字符串很简单，可以直接将两个字符串紧挨着写在一起，具体格式为：

strname = "str1" "str2"

strname 表示拼接以后的字符串变量名，str1 和 str2 是要拼接的字符串内容。使用这种写法，Python 会自动将两个字符串拼接在一起。示例如下：

1. str1 = "GSJ:" "广东司法警官职业学院"

2. print (str1)

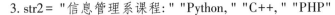

3. str2 = "信息管理系课程: " "Python, " "C++, " "PHP"

4. print (str2)

运行结果:

GSJ: 广东司法警官职业学院

信息管理系课程: Python, C++, PHP

但值得注意的是, 这种写法只能拼接字符串常量。如果需要使用变量, 就得借助+运算符来拼接, 当然, +运算符也能拼接字符串常量, 具体格式为:

strname = str1 + str2

例如:

1. name = "GSJ 网址"

2. url = "http://www.gsj.com"

3. info = name + "的网址是: " + url

4. print (info)

运行结果:

GSJ 网址是: http://www.gsj.com

### 3.6.4 字符串与数字拼接

在很多应用场景中, 我们需要将字符串和数字拼接在一起, 而 Python 是不允许直接拼接数字和字符串的, 所以我们必须先将数字转换成字符串。这里我们需要介绍两个函数, str() 和 repr(), 可以借助它们将数字转换为字符串, 代码示例如下:

1. name = "GSJ"

2. age = 18

3. department = 16

4. info = name + "已经" + str(age) + "岁了, 共有" + repr(department) + "个部门."

5. print (info)

运行结果:

GSJ 已经 18 岁了, 共有 16 个部门.

### 3.6.5 字符串切片

从本质上讲, 字符串是由多个字符构成的, 字符之间是有顺序的, 这个顺序号就称为索引 (index)。Python 允许通过索引来操作字符串中的单个或者多个字符, 比如获取指定索引处的字符、返回指定字符的索引值等。

(1) 截取单个字符。知道字符串名字以后, 在方括号 [ ] 中使用索引即可访问对应的字符, 具体的语法格式为:

strname [index]

strname 表示字符串名字，index 表示索引值。Python 允许从字符串的两端使用索引：①当以字符串的左端（字符串的开头）为起点时，索引是从 0 开始计数的。字符串的第一个字符的索引为 0，第二个字符的索引为 1，第三个字符的索引为 2 ……②当以字符串的右端（字符串的末尾）为起点时，索引是从 -1 开始计数的。字符串的倒数第一个字符的索引为 -1，倒数第二个字符的索引为 -2，倒数第三个字符的索引为 -3 ……

如以下示例：

1. url = 'www. gsj. com/xinxi/python'

2.#获取索引为 10 的字符

3. print (url[10])

4.#获取索引为 6 的字符

5. print (url[-6])

运行结果：

m

p

（2）截取多个字符串。使用中括号［ ］除了可以获取单个字符外，还可以指定一个范围来获取多个字符，也就是一个子串或者片段，具体格式为：

strname[start : end : step]

其中，strname 表示要截取的字符串；start 表示要截取的第一个字符所在的索引（截取时包含该字符），如果不指定，默认为 0，也就是从字符串的开头截取；end 表示要截取的最后一个字符所在的索引（截取时不包含该字符），如果不指定，默认为字符串的长度；step 指的是从 start 索引处的字符开始，每 step 个距离获取一个字符，直至 end 索引出的字符，step 默认值为 1，当省略该值时，最后一个冒号也可以省略。

示例如下：

1. url = 'http://www. gsj. com/xinxi/python'

2.#获取索引从 3 处 22(不包含 22)的子串

3. print (url[7: 22]) # 输出 zy

4.#获取索引从 7 处到-6 的子串

5. print (url[7: -6]) # 输出 zyit. org is very

6.#获取索引从-7 到 6 的子串

7. print (url[-21: -6])

8.#从索引 3 开始,每隔 4 个字符取出一个字符,直到索引 22 为止

9. print (url[3: 22: 4])

运行结果：

www. gsj. com/xin

www. gsj. com/xinxi/

. gsj. com/xinxi/

pwgcx

但其实 start、end、step 三个参数都可以省略，如以下示例所示：

1. url = 'http://www. gsj. com/xinxi/python '

2. #获取从索引 5 开始,直到末尾的子串

3. print (url[7: ])

4. #获取从索引-21 开始,直到末尾的子串

5. print (url[-21: ])

6. #从开头截取字符串,直到索引 22 为止

7. print (url[: 22])

8. #每隔 3 个字符取出一个字符

9. print (url[:: 3])

运行结果：

www. gsj. com/xinxi/python

. gsj. com/xinxi/python

http://www. gsj. com/xin

hp/wsc/n/tn

### 3.6.6 字符串重点方法讲解

（1）Python len()方法介绍：获取字符串长度或字节数。Python 中，要想知道一个字符串有多少个字符（获得字符串长度），或者一个字符串占用多少个字节，可以使用 len()函数。len()函数的基本语法格式为：

len(string)

其中，string 用于指定要进行长度统计的字符串。例如，定义一个字符串，内容为"http://www. gsj. com"，然后用 len() 函数计算该字符串的长度，交互式环境执行代码如下：

>>> a='http://www. gsj. com'

>>> len(a)

18

此外，在实际开发中，除了常常要获取字符串的长度外，有时还要获取字符串的字节数。在 Python 中，不同的字符所占的字节数不同。数字、英文字母、小数点、下划线以及空格，各占一个字节，而一个汉字可能占 2~4 个字节，具体占多少个，取决于采用的编码方式。例如，汉字在 GBK/GB2312 编码中占用 2 个字节，而在 UTF-8 编码中一般占用 3 个字节。我们可以通过使用 encode() 方法，将字符串进行编码后再获

取它的字节数。例如，采用 UTF-8 编码方式，计算"广司警，我爱你"的字节数，可以执行如下代码：

1. a = '广司警,我爱你'

2. print(len(a. encode( ) ) )

运行结果：

21

由此可知，上述语句一共占用了 21 个字节。如果需要获取其他编码类型的字节长度，可以传递参数，例如：

1. a = '广司警,我爱你'

2. print(len(a. encode('gbk' ) ) )

读者可以在 PyCharm 中试试，看看运行结果是多少。

（2）Python split()方法介绍：字符串分割。Python 中 split() 方法可以实现将一个字符串按照指定的分隔符切分成多个子串，这些子串会被保存到列表中（不包含分隔符），作为方法的返回值反馈回来。该方法的基本语法格式如下：

str. split(sep, maxsplit)

其中，str 表示要进行分割的字符串；sep 用于指定分隔符，可以包含多个字符，此参数默认为 None，表示所有空字符，包括空格、换行符"\n"、制表符"\t"等；maxsplit 表示可选参数，用于指定分割的次数，最后列表中子串的个数最多为 maxsplit+1，如果不指定或者指定为 -1，则表示分割次数没有限制。值得留意的是，在 split() 方法中，如果不指定 sep 参数，那么也不能指定 maxsplit 参数。此外，与 len()方法的使用方式不同，字符串变量所拥有的方法，只能采用"字符串. 方法名()"的方式调用，比如 str. split( )。这里读者不用纠结原因，学完后续章节中的类和对象之后，即可理解，在此只需知道如何使用。

1. a = '广司警,我的母校->我爱你'

2. str1 = a. split( )          # 采用默认分割

3. print(str1)

4. str2 = a. split(",")        # 采用,分割

5. print(str2)

6. str3 = a. split("-")        # 采用- 分割

7. print(str3)

8. str4 = a. split(">")        # 采用> 分割

9. print(str4)

运行结果：

['广司警,我的母校->我爱你']

['广司警','我的母校->我爱你']

['广司警, 我的母校', '>我爱你']

['广司警, 我的母校-', '我爱你']

　　需要留意的是，在未指定 sep 参数时，split( ) 方法默认采用空字符进行分割，但当字符串中有连续的空格或其他空字符时，都会被视为一个分隔符对字符串进行分割。读者可以尝试编写类似的代码来练习。

　　（3）Python join( )方法介绍：字符串合并。join( )方法可以看作是 split( ) 方法的逆方法，用来将列表（或元组）中包含的多个字符串连接成一个字符串。使用 join( ) 方法合并字符串时，它会将列表（或元组）中多个字符串采用固定的分隔符连接在一起。例如，字符串"www. gsj. com"就可以看作是通过分隔符"."将 ['www', 'gsj', 'com'] 列表合并为一个字符串的结果。其语法格式如下：

newstr = str. join( iterable )

　　其中，newstr 表示合并后生成的新字符串；str 用于指定合并时的分隔符；iterable 表示做合并操作的源字符串数据，允许以列表、元组等形式提供。示例如下：

1. list01 = ['www', 'gsj', 'com']

2. newlist01 = ". ". join( list01 )

3. print( newlist01 )

运行结果：

www. gsj. com

　　（4）Python count( )方法介绍：字符串统计。count ( )方法用于检索指定字符串在另一字符串中出现的次数。如果检索的字符串不存在，则返回 0，否则返回出现的次数。其语法格式如下：

str. count( sub[, start[, end] ] )

　　其中，str 表示原字符串；sub 表示要检索的字符串；start 表示指定检索的起始位置，也就是从什么位置开始检测，如果不指定，默认从头开始检索；end 表示指定检索的终止位置，如果不指定，则表示一直检索到结尾。如以下示例，检索字符串"www. gsj. com"中"."出现的次数：

```
>>> str = "www. gsj. com"
>>> str. count('. ')
2
>>> str. count('. ', 1)
2
>>> str. count('. ', 2)
1
```

　　（5）Python find( )方法介绍：检测子字符串。find( ) 方法用于检索字符串中是否包含目标字符串，如果包含，则返回第一次出现该字符串的索引；反之，则返回 -1。其语法格式如下：

str. find(sub[, start[, end]])

其中，str 表示原字符串；sub 表示要检索的目标子字符串；start 表示指定检索的起始位置，也就是从什么位置开始检测，如果不指定，默认从头开始检索；end 表示指定检索的终止位置，如果不指定，则表示一直检索到结尾。

如以下示例，用 find() 方法检索"www. gsj. com"中首次出现"."的位置索引：

```
>>> str = "www. gsj. com"
>>> str. find('. ')
1
```

手动指定起始索引的位置：

```
>>> str = "http://www. gsj. com"
>>> str. find('. ', 2)
10
```

另外，Python 还提供了 rfind() 方法，与 find() 方法最大的不同在于：rfind() 是从字符串右边开始检索的。读者可以自行按照上述例子编写代码来练习。

（6）Python index( )方法介绍：检测子字符串。同 find() 方法类似，index() 方法也可以用于检索是否包含指定的字符串。不同之处在于，当指定的字符串不存在时，index() 方法会抛出异常。其语法格式如下：

str. index(sub[, start[, end]])

其中，str 表示原字符串；sub 表示要检索的目标子字符串；start 表示指定检索的起始位置，也就是从什么位置开始检测，如果不指定，默认从头开始检索；end 表示指定检索的终止位置，如果不指定，则表示一直检索到结尾。

如以下示例，用 index() 方法检索"www. gsj. com"中首次出现"."的位置索引：

```
>>> str = "www. gsj. com"
>>> str. index('. ')
1
```

当检索失败时，index()会抛出异常：

```
>>> str = "www. gsj. com"
>>> str. index('H')
Traceback (most recent call last):
    File "<pyshell#49>", line 1, in <module>
        str. index('H')
ValueError: substring not found
```

另外，Python 还提供了 rindex ( ) 方法，其与 index ( ) 方法最大的不同在于：rindex ()是从字符串右边开始检索的。读者可以自行按照上述例子编写代码来练习。

（7）Python ljust( )方法介绍：文本左对齐方法。ljust( )方法的功能是向指定字符串的右侧填充指定字符，从而达到左对齐文本的目的。其语法格式如下：

S. ljust(width[, fillchar])

其中，S 表示要进行填充的字符串；width 表示包括 S 本身长度在内，字符串要占的总长度；fillchar 作为可选参数，用来指定填充字符串时所用的字符，默认情况下使用空格。如以下示例：

1. S = 'http：//www. gsj. com/xinxi/'

2. addr = 'http：//www. gsj. com'

3. print(S. ljust(35))

4. print(addr. ljust(35))

运行结果：

http：//www. gsj. com/xinxi/

http：//www. gsj. com

需要注意的是，该输出结果中除了明显可见的网址字符串外，其后还有空格字符存在，每行一共 35 个字符长度。

若改用">"号填充，如以下示例：

1. S = 'http：//www. gsj. com/xinxi/'

2. addr = 'http：//www. gsj. com'

3. print(S. ljust(35,">"))

4. print(addr. ljust(35,">"))

运行结果：

http：//www. gsj. com/xinxi/>>>>>>>>>>

http：//www. gsj. com>>>>>>>>>>>>>>>>>

此程序和前一程序的唯一区别是，填充字符从空格改为">"。

（8）Python rjust( )方法介绍：文本右对齐方法。rjust( )和 ljust( )方法类似，唯一的不同在于：rjust( )方法是向字符串的左侧填充指定字符，从而达到右对齐文本的目的。其语法格式如下：

S. rjust(width[, fillchar])

其中各个参数的含义和 ljust( )完全相同，所以这里不再赘述。

读者可以参照 ljust( )方法演示，将上面两个程序调试一下，看看结果是否符合预期。

（9）Python center( )方法介绍：文本居中方法。center( )字符串方法与 ljust( )、rjust( )的用法类似，但它让文本居中，而不是左对齐或右对齐。其语法格式如下：

S. center(width[, fillchar])

其中各个参数的含义和 ljust( )、rjust( )方法相同。如以下示例：

1. S = 'http://www.gsj.com/xinxi/'

2. addr = 'http://www.gsj.com'

3. print(S.center(35))

4. print(addr.center(35))

运行结果：

　　　　http://www.gsj.com/xinxi/

　　　　　　http://www.gsj.com

可选参数 fillchar 用 ∗，表示用 ∗ 填充字符串：

1. S = 'http://www.gsj.com/xinxi/'

2. addr = 'http://www.gsj.com'

3. print(S.center(35, "∗"))

4. print(addr.center(35, "∗"))

运行结果：

∗∗∗∗∗http://www.gsj.com/xinxi/∗∗∗∗∗

∗∗∗∗∗∗∗∗http://www.gsj.com∗∗∗∗∗∗∗∗

（10）Python startswith()和 endswith()方法介绍：判断字符串首尾是否是指定字符。startswith() 方法用于检索字符串是否以指定字符串开头，如果是，返回 True；反之，返回 False。此方法的语法格式如下：

str.startswith(sub[,start[,end]])

其中，str 表示原字符串；sub 是要检索的子串；start 为指定检索的起始位置索引，如果不指定，则默认从头开始检索；end 为指定检索的结束位置索引，如果不指定，则默认一直检索到结束。

如以下示例，判断 "www.gsj.com" 是否以指定子串开头：

>>> str = "www.gsj.com"

>>> str.startswith("w")

True

>>> str = "www.gsj.com"

>>> str.startswith("http")

False

从指定位置开始检索：

>>> str = "www.gsj.com"

>>> str.startswith("g", 5)

False

endswith() 方法用于检索字符串是否以指定字符串结尾，如果是，则返回 True；反之，则返回 False。该方法的语法格式如下：

str. endswith(sub[, start[, end]])

其中各个参数的含义和 startswith()一样，读者可以尝试编写例子验证一下该方法的功能。

（11）Python title()、lower()以及 upper()方法介绍：字符串大小写转换。Python 中，为了方便对字符串中的字母进行大小写转换，字符串变量提供了三种方法，分别是 title()、lower() 和 upper()。

title() 方法用于将字符串中每个单词的首字母转为大写，其他字母全部转为小写，转换完成后，此方法会返回转换得到的字符串。如果字符串中没有需要被转换的字符，此方法会将字符串原封不动地返回。该方法的语法格式如下：

str. title()

其中，str 表示要进行转换的字符串。如以下示例：

>>> str = "www. gsj. com"

>>> str. title()

'Www. gsj. com'

>>> str = "I LIKE Python"

>>> str. title()

'I Like P'

lower()方法用于将字符串中的所有大写字母转换为小写字母，转换完成后，该方法会返回新得到的字符串。如果字符串中原本就都是小写字母，则该方法会返回原字符串。该方法的语法格式如下：

str. lower()

其中，str 表示要进行转换的字符串。如以下示例：

>>> str = "I LIKE PYTHON"

>>> str. lower()

'i like python'

upper() 方法的功能和 lower() 方法恰好相反，它用于将字符串中的所有小写字母转换为大写字母，和以上两种方法的返回方式相同，即如果转换成功，则返回新字符串；反之，则返回原字符串。该方法的语法格式如下：

str. upper()

其中，str 表示要进行转换的字符串。如以下示例：

>>> str = "i like python"

>>> str. upper()

'I LIKE PYTHON'

在此，需要提醒读者，上述三种方法都仅限于将转换后的新字符串返回，均不会修改原字符串。

（12）Python strip()、lstrip()以及 rstrip()方法介绍：删除指定字符。用户输入数据时，很有可能会无意中输入多余的空格，或者在一些场景中，字符串前后不允许出现空格和特殊字符，此时就需要去除字符串中的空格和特殊字符。Python 中，字符串变量提供了三种方法来删除字符串中多余的空格和特殊字符，它们分别是：strip()、lstrip()以及 rstrip()方法。下面逐一介绍。

strip()方法用于删除字符串左右两侧的空格和特殊字符，该方法的语法格式如下：

str. strip([chars])

其中，str 表示原字符串；[chars]用来指定要删除的字符，可以同时指定多个，如果不手动指定，则默认会删除空格以及制表符、回车符、换行符等特殊字符。

lstrip()方法用于去掉字符串左侧的空格和特殊字符。该方法的语法格式如下：

str. lstrip([chars])

其中，str 和 chars 参数的含义，分别同 strip()语法格式中的 str 和 chars 完全相同。

rstrip()方法用于删除字符串右侧的空格和特殊字符，其语法格式如下：

str. rstrip([chars])

同上，str 和 chars 参数的含义和前面两种方法的语法格式中的参数完全相同。

上述三种方法可以通过下面三个例子在交互式环境中进行代码演示：

strip()方法：

```
>>> str = "www. gsj. com \t\n\r"
>>> str. strip()
'www. gsj. com'
>>> str. strip(" , \r")
'www. gsj. com \t\n'
>>> str
'www. gsj. com \t\n\r'
```

lstrip()方法：

```
>>> str = "www. gsj. com \t\n\r"
>>> str. lstrip()
'www. gsj. com \t\n\r'
```

rstrip()方法：

```
>>> str = "www. gsj. com \t\n\r"
>>> str. rstrip()
'www. gsj. com'
```

在此，需要提醒读者，这三种方法只是返回字符串前面或后面空白被删除之后的副本，并不会改变字符串本身。

（13）Python format()方法介绍：格式化输出。字符串类型（str）提供了 format()

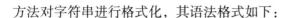

方法对字符串进行格式化，其语法格式如下：

　　str. format(args)

此方法中，str 用于指定字符串的显示样式；args 用于指定要进行格式转换的项，如果有多项，之间要有逗号进行分隔。

format() 方法的难点，在于搞清楚 str 显示样式的书写格式。在创建显示样式模板时，需要使用 ｛｝和: 来指定占位符，其完整的语法格式为：

　　{ [index][ : [ [fill] align] [sign] [#] [width] [. precision] [type] ] }

需要注意的是，格式中用 [ ] 括起来的参数都是可选参数，即可以使用，也可以不使用。各个参数的含义如下：index 指定后边设置的格式要作用到 args 中第几个数据，数据的索引值从 0 开始。如果省略此选项，则会根据 args 中数据的先后顺序自动分配。fill 指定空白处填充的字符。当填充字符为逗号且作用于整数或浮点数时，该整数（或浮点数）会以逗号分隔的形式输出，例如 1000000 会输出 1,000,000。align 指定数据的对齐方式（见表 3-5）。sign 指定有无符号数（见表 3-6）。width 指定输出数据时所占的宽度。precision 指定保留的小数位数。type 指定输出数据的具体类型（见表 3-7）。

表 3-5　align 参数及含义

| align | 含义 |
| --- | --- |
| < | 数据左对齐 |
| > | 数据右对齐 |
| = | 数据右对齐，同时将符号放置在填充内容的最左侧，该选项只对数字类型有效 |
| ^ | 数据居中，此选项需和 width 参数一起使用 |

表 3-6　sign 参数及含义

| sign 参数 | 含义 |
| --- | --- |
| + | 正数前加正号，负数前加负号 |
| − | 正数前不加正号，负数前加负号 |
| 空格 | 正数前加空格，负数前加负号 |
| # | 对于二进制数、八进制数和十六进制数，使用此参数，各进制数前会分别显示 0b、0o、0x 前缀；反之则不显示前缀 |

表 3-7　type 占位符类型及含义

| type 类型值 | 含义 |
|---|---|
| s | 对字符串类型格式化 |
| d | 十进制整数 |
| c | 将十进制整数自动转换成对应的 Unicode 字符 |
| e 或者 E | 转换成科学计数法后，再格式化输出 |
| g 或者 G | 自动在 e 和 f（或 E 和 F）中切换 |
| b | 将十进制数自动转换成二进制表示，再格式化输出 |
| o | 将十进制数自动转换成八进制表示，再格式化输出 |
| x 或者 X | 将十进制数自动转换成十六进制表示，再格式化输出 |
| f 或者 F | 转换为浮点数（默认小数点后保留 6 位），再格式化输出 |
| % | 显示百分比（默认显示小数点后 6 位） |

【实例】在实际开发中，数值类型有多种显示需求，比如货币形式、百分比形式等，使用 format() 方法可以将数值格式化为不同的形式。

1. #以货币形式显示
2. print ("货币形式: {:, d}". format(1000000))
3. #科学计数法表示
4. print ("科学计数法: {: E}". format(1200. 12))
5. #以十六进制表示
6. print ("100 的十六进制: {: #x}". format(100))
7. #输出百分比形式
8. print ("0. 01 的百分比表示: {:. 0%}". format(0. 01))

运行结果:

货币形式: 1,000,000

科学计数法: 1. 200120E+03

100 的十六进制: 0x64

0. 01 的百分比表示: 1%

### 3.6.7 扩展函数

在第 3.6.6 节中我们学习了很多字符串提供的方法，但其实字符串的内置方法是非常多的，由于篇幅有限，只能给大家列举一些最常用的方法，至于其他的方法，读者可通过本节介绍的 dir() 和 help() 函数自行查看并编写代码加以练习。

Python dir() 函数用来列出某个类或者某个模块中的全部内容，包括变量、方法、函数和类等，其语法格式如下：

dir(obj)

obj 表示要查看的对象。obj 可以不写，此时 dir() 会列出当前范围内的变量、方法和定义的类型。

Python help() 函数用来查看某个函数或者模块的帮助文档，其语法格式如下：

help(obj)

obj 表示要查看的对象。obj 可以不写，此时 help() 会进入帮助子程序。

掌握了 dir() 和 help() 函数，我们就可以自行查阅 Python 中所有方法、函数、变量、类的用法和功能了。

使用 dir() 查看字符串类型（str）支持的所有方法如下：

```
>>> dir(str)
['__add__', '__class__', '__contains__', '__delattr__', '__dir__', '__doc__',
'__eq__', '__format__', '__ge__', '__getattribute__', '__getitem__', '__getnewargs__',
'__gt__', '__hash__', '__init__', '__init_subclass__', '__iter__', '__le__', '__len__',
'__lt__', '__mod__', '__mul__', '__ne__', '__new__', '__reduce__', '__reduce_ex__',
'__repr__', '__rmod__', '__rmul__', '__setattr__', '__sizeof__', '__str__',
'__subclasshook__', 'capitalize', 'casefold', 'center', 'count', 'encode', 'endswith', 'expandtabs',
'find', 'format', 'format_map', 'index', 'isalnum', 'isalpha', 'isascii', 'isdecimal', 'isdigit',
'isidentifier', 'islower', 'isnumeric', 'isprintable', 'isspace', 'istitle', 'isupper', 'join', 'ljust',
'lower', 'lstrip', 'maketrans', 'partition', 'replace', 'rfind', 'rindex', 'rjust', 'rpartition', 'rsplit',
'rstrip', 'split', 'splitlines', 'startswith', 'strip', 'swapcase', 'title', 'translate', 'upper', 'zfill']
```

使用 help() 查看 str 类型中 lower() 函数的用法：

```
>>> help(str.lower)
Help on method_descriptor:
lower(self, /)
    Return a copy of the string converted to lowercase.
```

读者可以看到，lower() 函数用来将字符串中的字母转换为小写形式，并返回一个新的字符串。注意：使用 help() 查看某个函数的用法时，函数名后边不能带括号，例如将上面的命令写作 help(str.lower()) 就是错误的。

# 3.7　单元总结

学习单元 3 对 Python 的重要数据类型，如列表、元组、字典、集合、字符串作了细致的阐述，并配合了丰富的例子来讲解。这对后续深度知识的理解非常有帮助，这些数据类型就是建房子的砖块，利用好砖块才可以建好房子。

# 单元练习

一、选择题

1. 列表 a=[1,2,[3,4]] ，以下的运算结果为 True 的是（　　　）。

A. len(a) == 3　　　　　　　　　B. len(a)　　== 4

C. length(a) == 3　　　　　　　　D. length(a) == 4

2. 关于列表数据结构，下面描述正确的是（　　　）。

A. 可以不按顺序查找元素　　　　　B. 必须按顺序插入元素

C. 不支持 in 运算符　　　　　　　D. 所有元素类型必须相同

3. 列表类型中 pop() 的功能是（　　　）。

A. 删除列表中第一个元素　　　　　B. 返回并删除列表中第一个元素

C. 删除列表中最后一个元素　　　　D. 返回并删除列表中最后一个元素

4. 以下关于 Python 自带数据结构的运算结果中错误的是哪一项？（　　　）

A. l = [1,2,3,4]; l.insert (2,-1)；则 l 为 [1,2,-1,4]

B. l = [1,2,3,4]; l.pop (1)；则 l 结果为 [1,3,4]

C. l = [1,2,3,4]; l.pop ()；则 l.index (3) 结果为 2

D. l = [1,2,3,4]; l.rerverse ()；则 l [1] 为 3

5. 以下不是 tuple 类型的是（　　　）。

A. (1)　　　　　　　　　　　　　B. (1,)

C. ([],[1])　　　　　　　　　　　D. ([{ ' a ' : 1}],[ ' b ' ,1])

6. 针对元组 (1,2,[1,2,' 1 ',' 2 ']) 的说法正确的是（　　　）。

A. 长度为 6　　　　　　　　　　　B. 属于二维元组

C. 元组的元素可变　　　　　　　　D. 嵌入的列表的值可变

7. 关于 Python 的元组类型，以下选项中说法错误的是（　　　）。

A. 元组中元素不可能是不同类型

B. 元组一旦创建就不能被修改

C. Python 中元组采用逗号和圆括号（可选）来表示

D. 一个元组可以作为另一个元组的元素，可以采用多级索引获取信息

8. 以下说法错误的是（　　　）。

A. 元组的长度可变　　　　　　　　B. 列表的长度可变

C. 可以通过索引访问元组　　　　　D. 可以通过索引访问列表

9. 下列哪项类型数据是不可变化的？（　　　）

A. 集合　　　　　　B. 字典　　　　　C. 元组　　　　　　D. 列表

10. 以下不能创建一个字典的语句是（　　）。

A. dict = {}　　　　　　　　　　　　B. dict = {(4, 5, 6): 'dictionary'}

C. dict = {4: 6}　　　　　　　　　　D. dict = {[4, 5, 6]: 'dictionary'}

11. 以下不能作为字典的 key 的是哪一个选项？（　　）

A. 'num '　　　　　　　　　　　　　B. listA　= ['className ']

C. 123　　　　　　　　　　　　　　D. tupleA　= ('sum')

12. 对于字典 d = {'abc': 1, 'qwe': 2, 'zxc': 3}，len (d) 的结果为（　　）。

A. 6　　　　　　　B. 3　　　　　　　C. 12　　　　　　　D. 9

13. 字符串是一个字符序列，例如，字符串 s，从右侧向左第 3 个字符用（　　）索引。

A. s [3]　　　　　　B. s [-3]　　　　C. s [0: -3]　　　　D. s [: -3]

14. 字符串函数 strip() 的作用是（　　）。

A. 按照指定字符分割字符串为数组　　B. 连接两个字符串序列

C. 去掉字符串两侧空格或指定字符　　D. 替换字符串中特定字符

15. S 和 T 是两个集合，对 S&T 的描述正确的是（　　）。

A. S 和 T 的补运算，包括集合 S 和 T 中的非相同元素

B. S 和 T 的差运算，包括在集合 S 但不在 T 中的元素

C. S 和 T 的交运算，包括同时在集合 S 和 T 中的元素

D. S 和 T 的并运算，包括在集合 S 和 T 中的所有元素

二、填空题

1. Python 提供了两个对象身份比较操作符_____来测试两个变量是否指向同一个对象，也可以通过内建函数_____来测试对象的类型。

2. 列表、元组和字符串是 Python 的_____序列。_____命令既可以删除列表中的一个元素，也可以删除整个列表。

3. 任意长度的 Python 列表、元组和字符串中最后一个元素的下标为_____。

4. Python 内置函数_____可以返回列表、元组、字典、集合、字符串以及 range 对象中元素个数。

5. 使用列表推导式生成包含 10 个数字 5 的列表，语句可以写为_____。

6. 假设列表对象 a 的值为 [3, 4, 5, 6, 7, 9, 11, 13, 15, 17]，那么切片 a [3: 7] 得到的值是_____。

7. 已知列表 x = [1, 2, 3]，那么执行语句 x. insert (1, 4) 后 x 的值为_____。

8. 假设有列表 a = ['name', 'age', 'sex'] 和 b = ['Dong', 38, 'Male']，请使用一个语句将这两个列表的内容转换为字典，并且以列表 a 中的元素为"键"，以列表 b 中的元素为"值"，这个语句可以写为_____。

9. 表达式 list(zip([1, 2], [3, 4])) 的值为_____。

10. 表达式 set([1, 1, 2, 3]) 的值为_____。

三、编程题

1. 编写一个程序，对给定字符串中出现的 a~z 字母频率进行分析，忽略大小写，采用降序方式输出。

2. 用列表保存数据，采用冒泡排序算法对列表中的数据进行排序。

3. 找出 10 000 以内的质数，每找出 1 个质数，把它保存在列表中。

4. 设计一个字典，键项保存用户名，值项保存密码。设计一个登录检查程序，只有用户名和密码都正确的用户才能通过登录检查程序。

5. 设计 3 个集合，分别保存参加长跑、足球和游泳的名单，通过集合运算，找出参加了 3 项运动的名单以及参加任意两项运动的名单。

# 学习单元 4

# 流程控制

和其他编程语言一样，按照执行流程划分，Python 程序也可分为三大结构，即顺序结构、选择（分支）结构和循环结构。

（1）Python 顺序结构就是让程序按照从头到尾的顺序依次执行每一条 Python 代码，不重复执行任何代码，也不跳过任何代码。

（2）Python 选择结构也称分支结构，就是让程序"拐弯"，有选择性地执行代码。换句话说，可以跳过没用的代码，只执行有用的代码。

（3）Python 循环结构就是让程序"杀个回马枪"，不断地重复执行同一段代码。

我们在前面的章节中看到的代码都是顺序执行的，也就是先执行第 1 条语句，然后是第 2 条、第 3 条……一直到最后一条语句，这称为顺序结构。但是在很多情况下，仅顺序结构的代码是远远不够的，有时候程序需要作出相关判断，并给出提示让用户选择，或者某个问题需要重复代码去实现功能，这就需要用到选择结构和循环结构。本学习单元重点讲解选择结构和循环结构。

## 4.1　选择结构

### 4.1.1 **本节重点**

- 理解并掌握 Python 选择结构的用法

### 4.1.2 Python if else **条件语句**

在 Python 中，可以使用 if else 语句对条件进行判断，然后根据不同的结果执行不同的代码，这称为选择结构或者分支结构。Python 中的 if else 语句可以细分为三种形式，分别是 if 语句、if else 语句和 if elif else 语句，它们的语法和执行流程如图 4-1、图 4-2、图 4-3 所示。

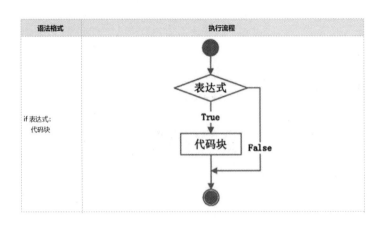

图 4-1　if 表达式执行流程

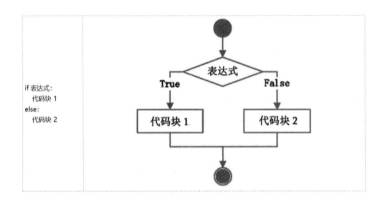

图 4-2　if else 表达式执行流程

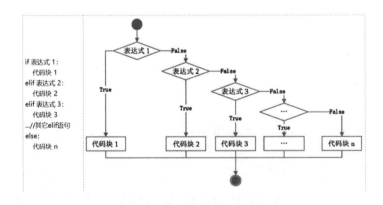

图 4-3　if elif else 表达式执行流程

　　虽然上面三张图的左侧也展示了具体的用法，但在这里还是对一些语法格式的细节作一些介绍。"表达式"可以是一个单一的值或者变量，也可以是由运算符组成的复杂语句，形式不限，只要它能得到一个值就行。不管"表达式"的结果是什么类型，if else 都能判断它是否成立（真或者假）。"代码块"由具有相同缩进量的若干条语句组成。if、elif、else 语句的最后都有冒号。一旦某个表达式成立，Python 就会执行它后面对应的代码块；如果所有表达式都不成立，那就执行 else 后面的代码块；如果没有 else 部分，那就什么也不执行。执行过程最简单的就是第一种形式（如图 4-1 所示）——只有一个 if 部分，如果表达式成立（真），就执行后面的代码块；如果表达式不成立（假），就什么也不执行。对于第二种形式（如图 4-2 所示），如果表达式成立，就执行 if 后面紧跟的代码块 1；如果表达式不成立，就执行 else 后面紧跟的代码块 2。对于第三种形式（如图 4-3 所示），Python 会从上到下逐个判断表达式是否成立，一旦遇到某个成立的表达式，就执行后面紧跟的语句块。此时，剩下的代码就不再执行了，不管后面的表达式是否成立。如果所有的表达式都不成立，就执行 else 后面的代码块。总体来说，不管有多少个分支，都只能执行一个分支，或者一个也不执行，不能同时执行多个分支。

【例 1】使用第一种选择结构判断用户是否符合条件：

```
1. age = int( input("请输入你的年龄:") ) #input 函数用来获取用户输入
2.
3. if age < 18 :
4.     print ("你还未成年,此网站不允许未成年人登入!")
5. #该语句不属于 if 的代码块
6. print ("网站浏览中...")
```

运行结果 1：

请输入你的年龄:16↙

你还未成年,此网站不允许未成年人登入!

网站浏览中...

运行结果 2：

请输入你的年龄:24↙

网站浏览中...

从运行结果可以看出，如果输入的年龄小于 18，就执行 if 后面的语句块；如果输入的年龄大于等于 18，就不执行 if 后面的语句块。这里的语句块就是缩进四个空格的两个 print() 语句。

【例 2】改进上面的代码，年龄不符合时退出程序：

```
1. import sys
2.
3. age = int( input("请输入你的年龄:") )
```

5. if age < 18 :

6.　　　print("警告:你还未成年,此网站不允许未成年人登入!")

7.　　　print("少年请好好学习,考上好大学,报效祖国.")

8.　　　sys. exit( ) # sys 模块的 exit( ) 函数用于退出程序。

9. else :

10.　　　　print("你已经成年，可以浏览该娱乐网站。")

11.　　　　print("时间宝贵，请不要在该娱乐网站上浪费太多时间。")

12.

13.　　　print("网站浏览中...")

运行结果1:

请输入你的年龄：16↙

警告：你还未成年，此网站不允许未成年人登入！

少年请好好学习，考上好大学，报效祖国。

运行结果2:

请输入你的年龄：24↙

你已经成年，可以浏览该娱乐网站。

时间宝贵，请不要在该娱乐网站上浪费太多时间。

网站浏览中...

上面代码中提到了 exit 函数，读者可以参阅注释代码，如果对该函数有疑问，可以查阅其他相关资料。

【例3】猜数字游戏

1. number_b = 99

2. number_guess = input("你猜测的数字是:")

3. if　number_b = = int( number_guess) :

4.　　　print("你猜对了")

5. elif number_b> int( number_guess) :

6.　　　print("你猜的数字小了")

7. else :

8.　　　print("你猜的数字大了")

思考上面代码的第 3 行和第 5 行 int 的作用，编写并运行上面代码，测试运算结果。

需要强调的是，Python 是一门非常独特的编程语言，它通过缩进来识别代码块。具有相同缩进量的若干行代码属于同一个代码块，所以我们在编写代码的时候不能随意缩进，这样很容易导致语法错误。

通过上面代码例子，读者可以看到，if 和 elif 后面的“表达式”的形式是很自由的，只要表达式有一个结果，不管这个结果是什么类型，Python 都能判断它是"真"还是"假"。关于真假表示，在 Python 中是通过布尔类型（bool）表达的，布尔类型（bool）只有两个值，分别是 True 和 False，Python 会把 True 当作"真"，把 False 当作"假"。对于数字，Python 会把 0 和 0.0 当作"假"，把其他值当作"真"。对于其他类型，当对象为空或者为 None 时，Python 会把它们当作"假"，其他情况当作真。读者可以自行编写相关代码加以练习并掌握。

### 4.1.3 if 语句的嵌套

上节中，我们详细介绍了三种形式的条件语句，即 if、if else 和 if elif else，其实这三种条件语句之间可以相互嵌套。例如，在最简单的 if 语句中嵌套 if else 语句，形式如下：

```
if 表达式 1:
    if 表示式 2:
        代码块 1
    else:
        代码块 2
```

再比如，在 if else 语句中嵌套 if else 语句，形式如下：

```
if 表示式 1:
    if 表达式 2:
        代码块 1
    else:
        代码块 2
else:
    if 表达式 3:
        代码块 3
    else:
        代码块 4
```

Python 中，if、if else 和 if elif else 之间可以相互嵌套。因此，在编写代码时，需要根据场景选择合适的嵌套，并且在相互嵌套时，一定要严格遵守不同级别代码块的缩进规范。我们可以编写一个检测是否酒驾的代码来体会一下嵌套：

```
1. Alcohol = int(input("输入驾驶员每 100ml 血液酒精的含量:"))
2. if Alcohol < 20:
3.     print ("驾驶员不构成酒驾")
4. else :
5.     if Alcohol < 80:
```

6.　　　　　print ("驾驶员已构成酒驾")

7.　　else :

8.　　　　　print ("驾驶员已构成醉驾")

运行结果:

输入驾驶员每 100ml 血液酒精的含量: 100

驾驶员不构成醉驾

除此之外，if 分支结构中还可以嵌套循环结构，同样，循环结构中也可以嵌套分支结构。不过，由于目前尚未系统学习循环结构，因此这部分知识会放到后续单元中做详细讲解。

### 4.1.4 Python pass **语句**

在编程开发中，有时我们会先搭建起程序框架，但是暂时不去实现某些细节，或者将不同的模块分开，后续由不同的部门完成。写程序的时候可以在这些地方加一些注释，方便以后再添加代码。除了注释之外，Python 还提供了一种更加专业的做法，就是空语句 pass。pass 是 Python 中的关键字，用来让解释器跳过此处，什么都不做。

如以下示例:

1. age = int( input("请输入你的年龄:") )

2.

3. if age < 12 :

4.　　　print ("婴幼儿")

5. elif age >= 12 and age < 18:

6.　　　print ("青少年")

7. elif age >= 18 and age < 30:

8.　　　print ("成年人")

9. elif age >= 30 and age < 50:

10.　　　pass

11. else :

12.　　　print ("老年人")

运行上述代码，然后输入 40，观察运行结果。相信读者从运行结果可以看出，程序虽然执行到第 10 行代码，但是并没有进行什么操作。

# 4.2  循环结构

## 4.2.1 **本节重点**

- 理解并掌握 Python 循环结构的用法

## 4.2.2 Python while **循环语句**

Python 中，while 循环语句和 if 条件分支语句类似，即在条件（表达式）为真的情况下，会执行相应的代码块。不同之处在于，只要条件为真，while 就会一直重复执行那段代码块。while 语句的语法格式如下：

while 条件表达式：

代码块

这里的代码块，指的是缩进格式相同的多行代码，不过在循环结构中，它又被称为循环体。

while 语句执行的具体流程为：首先判断条件表达式的值，其值为真（True）时，则执行代码块中的语句。当执行完毕后，再回过头来重新判断条件表达式的值是否为真，若仍为真，则继续重新执行代码块……如此循环，直到条件表达式的值为假（False），才终止循环。while 循环结构的执行流程如图 4-4 所示。

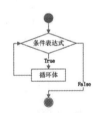

**图 4-4  while 循环语句执行流程示意图**

例如，打印 1~100 的所有数字，就可以使用 while 循环，代码演示如下：

```
1.# 循环的初始化条件
2. num = 1
3.# 当 num 小于 100 时,会一直执行循环体
4. while num < 100 :
5.     print ("num =", num)
6.# 迭代语句
7.     num += 1
```

8. print ("循环结束!")

读者运行程序时会发现，程序只输出了 1~99，却没有输出 100。这是因为，当循环至 num 的值为 100 时，条件表达式为假（100<100），当然就不会再去执行代码块中的语句，也就不会输出 100。注意在使用 while 循环时，一定要保证循环条件有变成假的时候，否则这个循环将成为一个死循环。所谓死循环，指的是无法结束循环的循环结构。例如将上面 while 循环中的 num += 1 代码注释掉，再运行程序时，Python 解释器一直在输出"num= 1"，永远不会结束（因为 num<100，一直为 True），除非我们强制关闭解释器。

除此之外，while 循环还常用来遍历列表、元组和字符串，因为它们都支持通过下标索引获取指定位置的元素。例如，下面程序演示了如何使用 while 循环遍历一个字符串变量：

1. my_char="http://www.gdsfjy.cn"

2. i= 0;

3. while i<len(my_char):

4.     print (my_char[i], end="")

5.     i = i + 1

读者可尝试运行上述代码，观察结果。

### 4.2.3 Python for 循环语句

本节给大家介绍 for 循环，它常用于遍历字符串、列表、元组、字典、集合等序列类型，逐个获取序列中的各个元素。for 循环的语法格式如下：

for 迭代变量 in 字符串|列表|元组|字典|集合：

　　代码块

上述格式中，迭代变量用于存放从序列类型变量中读取出来的元素，所以一般不会在循环中对迭代变量手动赋值。代码块指的是具有相同缩进格式的多行代码（和 while 一样），由于和循环结构联用，代码块又称为循环体。for 循环语句的执行流程如图 4-5 所示。

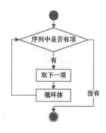

图 4-5　for 循环语句的执行流程图

以下示例演示了 for 循环的具体用法：

```
1. wz = "http://www.gdsfjy.cn/"
2. #for 循环,遍历 add 字符串
3. for ch in wz:
4.     print (ch, end = "")
```

运行结果：

http://www.gdsfjy.cn/

读者可以看到，使用 for 循环遍历 wz 字符串的过程中，迭代变量 ch 会先后被赋值为 wz 字符串中的每个字符，并代入循环体中使用。只不过例子中的循环体比较简单，只有一行输出语句。接下来，我们分别介绍循环语句的具体应用场景。

（1）数值循环。在使用 for 循环时，最基本的应用就是进行数值循环。比如说，想要实现从 1 到 100 的累加，可以执行如下代码：

```
1. print ("计算 1+2+...+100 的结果为:")
2. #保存累加结果的变量
3. result = 0
4. #逐个获取从 1 到 100 这些值,并做累加操作
5. for i in range(101):
6.     result += i
7. print (result)
```

运行结果：

计算 1+2+...+100 的结果为：

5050

上面代码中，使用了 range() 函数，此函数是 Python 内置函数，用于生成一系列连续整数，多用于 for 循环。

（2）遍历列表和元组。当用 for 循环遍历 list 列表或者 tuple 元组时，其迭代变量会先后被赋值为列表或元组中的每个元素，并执行一次循环体。下面程序使用 for 循环对列表进行了遍历：

```
1. my_list = [1, 2, 3, 4, 5]
2. for ele in my_list:
3.     print ('ele =', ele)
```

运行结果：

ele = 1

ele = 2

ele = 3

ele = 4

ele = 5

元组也类似，请读者自行尝试。

（3）遍历字典。在使用 for 循环遍历字典时，经常会用到和字典相关的三个方法，即 items()、keys() 以及 values()。它们各自的用法已经在前面章节中讲过，这里不再赘述。当然，如果使用 for 循环直接遍历字典，则迭代变量会被先后赋值为每个键值对中的键。例如：

1. my_dic = {'GSJ': "http://www.gdsfjy.cn", \
2. 'GDUT': "http://www.gdut.edu.cn", \
3. 'SCUT': "http://www.scut.edu.cn"}
4. for ele in my_dic:
5.     print ('ele =', ele)

运行结果：

ele = GSJ

ele = GDUT

ele = SCUT

因此，直接遍历字典和遍历字典 keys() 方法的返回值是相同的。除此之外，我们还可以遍历字典 values()、items() 方法的返回值，只需要将上述代码第 4 行修改为"for ele in my_dic.items()"即可，读者可以试试。

### 4.2.4 循环嵌套

Python 不仅支持 if 语句相互嵌套，while 和 for 循环结构也支持嵌套。所谓嵌套（Nest），就是一条语句里面还有另一条语句，例如 for 里面还有 for，while 里面还有 while，甚至 while 中有 for 或者 for 中有 while 也都是允许的。当两个（甚至多个）循环结构相互嵌套时，位于外层的循环结构常简称为外层循环或外循环，位于内层的循环结构常简称为内层循环或内循环。关于循环嵌套结构的代码，Python 解释器执行的流程为：

（1）当外层循环条件为 True 时，则执行外层循环结构中的循环体；

（2）外层循环体中包含了普通程序和内循环。当内层循环的循环条件为 True 时，会执行此循环中的循环体，直到内层循环条件为 False，跳出内循环；

（3）如果此时外层循环的条件仍为 True，则返回第 2 步，继续执行外层循环体，直到外层循环的循环条件为 False；

（4）当内层循环的循环条件为 False，且外层循环的循环条件也为 False，则整个嵌套循环才算执行完毕。

下面程序演示了 while-for 嵌套结构：

1. i = 0
2. while i<10:
3.      for j in range(10):
4.          print("i=", i, " j=", j)
5.      i=i+1

运行结果:

i= 0   j= 0
i= 0   j= 1
i= 0   j= 2
i= 0   j= 3
i= 0   j= 4
i= 0   j= 5
i= 0   j= 6
i= 0   j= 7
i= 0   j= 8
i= 0   j= 9
i= 1   j= 0
i= 1   j= 1
i= 1   j= 2
i= 1   j= 3
i= 1   j= 4
i= 1   j= 5
i= 1   j= 6
i= 1   j= 7
i= 1   j= 8
i= 1   j= 9
i= 2   j= 0
i= 2   j= 1
i= 2   j= 2
i= 2   j= 3
i= 2   j= 4
i= 2   j= 5
i= 2   j= 6
i= 2   j= 7
i= 2   j= 8

i= 2　j= 9
i= 3　j= 0
i= 3　j= 1
i= 3　j= 2
i= 3　j= 3
i= 3　j= 4
i= 3　j= 5
i= 3　j= 6
i= 3　j= 7
i= 3　j= 8
i= 3　j= 9
i= 4　j= 0
i= 4　j= 1
i= 4　j= 2
i= 4　j= 3
i= 4　j= 4
i= 4　j= 5
i= 4　j= 6
i= 4　j= 7
i= 4　j= 8
i= 4　j= 9
i= 5　j= 0
i= 5　j= 1
i= 5　j= 2
i= 5　j= 3
i= 5　j= 4
i= 5　j= 5
i= 5　j= 6
i= 5　j= 7
i= 5　j= 8
i= 5　j= 9
i= 6　j= 0
i= 6　j= 1
i= 6　j= 2
i= 6　j= 3

i = 6　j = 4

i = 6　j = 5

i = 6　j = 6

i = 6　j = 7

i = 6　j = 8

i = 6　j = 9

i = 7　j = 0

i = 7　j = 1

i = 7　j = 2

i = 7　j = 3

i = 7　j = 4

i = 7　j = 5

i = 7　j = 6

i = 7　j = 7

i = 7　j = 8

i = 7　j = 9

i = 8　j = 0

i = 8　j = 1

i = 8　j = 2

i = 8　j = 3

i = 8　j = 4

i = 8　j = 5

i = 8　j = 6

i = 8　j = 7

i = 8　j = 8

i = 8　j = 9

i = 9　j = 0

i = 9　j = 1

i = 9　j = 2

i = 9　j = 3

i = 9　j = 4

i = 9　j = 5

i = 9　j = 6

i = 9　j = 7

i = 9　j = 8

i= 9　j= 9

分析上面代码的结果可以知道，此程序中运用了嵌套循环结构，其中外循环使用的是 while 语句，而内循环使用的是 for 语句。程序执行的流程是：一开始 i＝0，循环条件 i<10 成立，进入 while 外循环执行其外层循环体；从 j＝0 开始，由于 j <10 成立，因此进入 for 内循环执行内层循环体，直到 j＝10 不满足循环条件，跳出 for 循环体，继续执行 while 外循环的循环体；执行 i＝i+1 语句，如果 i<10 依旧成立，则从第 2 步继续执行，直到 i<10 不成立，则此循环嵌套结构才执行完毕。

根据上面的分析，此程序中外层循环将循环 10 次（从 i＝0 到 i＝9），而每次执行外层循环时，内层循环都从 j＝0 循环执行到 j＝9。因此，该嵌套循环结构将执行 10× 10 ＝ 100 次。

在这里，可以得出结论：

嵌套循环执行的总次数 ＝ 外循环执行次数×内循环执行次数

事实上，if 语句和循环（while、for）结构之间，也可以相互嵌套。只要场景需要，判断结构和循环结构之间完全可以相互嵌套，甚至可以多层嵌套。

### 4.2.5 break 语句与 continue 语句

我们知道，在执行 while 循环或者 for 循环时，只要循环条件满足，程序将会一直执行循环体，不停地转圈。但在某些场景中，我们可能希望在循环结束前就强制结束循环。Python 提供了两种强制离开当前循环体的办法：

（1）break 语句：完全终止当前循环。break 语句可以立即终止当前循环的执行，跳出当前所在的循环结构。无论是 while 循环还是 for 循环，只要执行 break 语句，就会直接结束当前正在执行的循环体。这就好比在操场上跑步，原计划跑 10 圈，可是当跑到第 2 圈的时候，突然想起有急事要办，于是果断停止跑步并离开操场。break 语句的语法非常简单，只需要在相应 while 或 for 语句中直接加入即可。如以下示例：

1. add＝ "http://www.gdsfjy.cn, www.gdut.edu.cn "

2. # 一个简单的 for 循环

3. for i in add:

4.　　if i ＝＝ ',':

5.　　　　#终止循环

6.　　　　break

7.　　print (i, end＝"")

8. print ("\n 执行循环体外的代码")

运行结果：

http://www.gdsfjy.cn

执行循环体外的代码

读者分析上面程序不难看出，当循环至 add 字符串中的逗号时，程序执行 break 语句，其会直接终止当前的循环，跳出循环体。从输出结果可以看出，使用 break 是在跳出当前循环体之后，而不是在当前循环。

（2）continue 语句：可以跳过执行本次循环体中剩余的代码，转而执行下一次的循环。和 break 语句相比，continue 语句的作用则没有那么强大，它只会终止执行本次循环中剩下的代码，直接从下一次循环继续执行。仍然以在操场跑步为例，原计划跑 10 圈，但当跑到两圈半的时候突然接到一个电话，此时停止了跑步；挂断电话后，并没有继续跑剩下的半圈，而是直接从第 3 圈开始跑。continue 语句的用法和 break 语句一样，只要在 while 或 for 语句中的相应位置加入即可。例如：

```
add = "http://www.gdsfjy.cn,---www.gdut.edu.cn"
# 一个简单的 for 循环
for i in add:
    if i == ',':
        # 忽略本次循环的剩下语句
        print('\n')
        continue
    print(i, end="")
```

运行结果：

http://www.gdsfjy.cn

---www.gdut.edu.cn

读者可以看到，当遍历 add 字符串至逗号时，会进入 if 判断语句执行 print() 语句和 continue 语句。其中，print() 语句起到换行的作用，而 continue 语句会使 Python 解释器忽略执行第 8 行代码，直接从下一次循环开始执行。

## 4.3　单元总结

学习单元 4 介绍了流程控制的两种方式：循环和选择。这两种结构的学习对于读者后续理解复杂程序是必须的。读者一定要在理解例子的同时，亲自完成单元练习，加深对该单元知识的理解。

# 单元练习

一、选择题

1. 下面不属于程序的基本控制结构的是（　　　）。

A．顺序结构            B．选择结构

C．循环结构            D．输入输出结构

2．下列 Python 语句正确的是（     ）。

A．min = x   if   x < y else   y      B．max = x > y ? x : y

C．if (x > y) print x           D．while True : pass

3．以下选项用来判断当前程序在分支结构中的是（     ）。

A．括号               B．冒号

C．缩进               D．花括号

4．以下可以终结一个循环的执行的语句是（     ）。

A．break            B．ifC．inputD．exit

5．for 或者 while 与 else 搭配使用时，能够执行 else 对应语句块的情况是（     ）。

A．总会执行            B．永不执行

C．仅循环正常结束时       D．仅循环非正常结束时，以 break 结束

6．以下关于循环控制语句描述错误的是哪一项？（     ）

A．Python 中的 for 语句可以在任意序列上进行迭代访问，例如列表、字符串和元组。

B．在 Python 中 if… elif … elif …结构必须包含 else 子句。

C．在 Python 中没有 switch-case 的关键词，可以用 if… elif … elif …来等价表达。

D．循环可以嵌套使用，例如一个 for 语句中有另一个 for 语句，一个 while 语句中有一个 for 语句等。

7．while 语句属于（     ）。

A．顺序语句                 B．分支语句C．循环语句D．定义语句

8．下面 if 语句统计"成绩（mark）优秀的男生以及不及格的男生"的人数，正确的语句为（     ）。

A．if gender= = "男" and mark<60 or mark>=90: n+=1

B．if gender= = "男" and mark<60 and mark>=90: n+=1

C．if gender= = "男" and (mark<60 or mark>=90): n+=1

D．if gender= = "男" or mark<60 or mark>=90: n+=1

9．在 Python 中，实现多分支选择结构的较好方法是（     ）。

A．if                B．if-else

C．if – elif -else         D．if 嵌套

10．关于 while 循环和 for 循环的区别，下列叙述中正确的是（     ）。

A．while 语句的循环体至少无条件执行一次，for 语句的循环体有可能一次都不执行

B．while 语句只能用于循环次数未知的循环，for 语句只能用于循环次数已知的

循环

C. 在很多情况下，while 语句和 for 语句可以等价使用

D. while 语句只能用于可迭代变量，for 语句可以用任意表达式表示条件

二、程序阅读题，写出下面程序的运行结果

1.

```python
a = 0
for b in range(1, 10):
    if b%2 ! = 0:
        a = a+1
        print(a)
```

2.

```python
n, s, f = 10, 0, 1
for i in range(1, n+1):
    f = f * i
    s = s+1/f
print(s)
```

3.

```python
for i in range(1, 5):
    print(' ' * (i-1), sep = ' ', end = ' ')
    for j in range(1, 8-2 * i+1+1):
        print(' * ', sep = ' ', end = ' ')
    print()
```

4.

```python
n = 0
for x in range(1, 11):
    if x%2 = = 0 :
        continue
    if x%10 = = 7:
        break
    n = n+x
print(n)
```

5.

```python
a = [[1, 2, 3], [4, 5, 6], [7, 8, 9]]
s = 0
for c in a:
```

```
for j in range:
    s +=c[j]
print(s)
```

三、编程

1. 编写程序，判断 101~200 之间有多少个素数，并输出所有素数。

2. 编写程序，至少使用两种不同的方法计算 100 以内所有奇数的和。

3. 编写程序，运行后用户输入 4 位整数作为年份，判断其是否为闰年。如果年份能被 400 整除，则为闰年；如果年份能被 4 整除但不能被 100 整除，也为闰年。

4. 编写程序解决古典问题：有一对兔子，从出生后第 3 个月起每个月都生一对兔子，小兔子长到第 3 个月后每个月又生一对兔子。假如兔子都不死，问每个月的兔子总数为多少？

5. 编写程序，实现分段函数计算，如下所示。

| x | y |
|---|---|
| x<0 | 0 |
| 0<=x<5 | x |
| 5<=x<10 | 3x-5 |
| 10<=x<20 | 0.5x-2 |
| 20<=x | 0 |

学习单元 5

# 函　数

函数就是一段封装好的、可以重复使用的代码，它使得我们的程序更加模块化，不需要编写大量重复的代码。我们可以提前将函数保存起来，并给它起一个独一无二的名字，只要知道它的名字就能使用这段代码。函数还可以接收数据，并根据数据的不同进行不同的操作，最后再把处理结果反馈给我们。

## 5.1　Python 函数基本介绍

### 5.1.1 本节重点

● 理解 Python 函数定义、掌握 Python 函数调用

### 5.1.2 Python 函数定义

Python 中函数的应用非常广泛，前面章节中我们已经接触过多个函数，比如 input()、print()、range()、len() 函数等，这些都是 Python 的内置函数，可以直接使用。除了可以直接使用的内置函数外，Python 还支持自定义函数，即将一段有规律的、可重复使用的代码定义成函数，从而达到一次编写、多次调用的目的。举个例子，前面学习了 len() 函数，通过它我们可以直接获得一个字符串的长度。我们不妨设想一下，如果没有 len() 函数，要想获取一个字符串的长度，该如何实现呢？请看下面的代码：

1. n = 0

2. for c in "http://www.gdsfjy.cn/":

3.     n = n + 1

4. print (n)

获取一个字符串长度是常用的功能，一个程序中可能用到很多次，如果每次都写这样一段重复的代码，不但费时费力、容易出错，而且交给别人时也很麻烦。所以

Python 提供了一个功能，即允许我们将常用的代码以固定的格式封装（包装）成一个独立的模块。只要知道这个模块的名字就可以重复使用它，这个模块就叫作函数（Function）。比如，在程序中定义了一段代码，这段代码用于实现一个特定的功能。将实现特定功能的代码定义成一个函数，每次当程序需要实现该功能时，只要执行（调用）该函数即可。其实，函数的本质就是一段有特定功能、可以重复使用的代码，这段代码已经被提前编写好了，并且具有一个"好听"的名字。在后续编写程序的过程中，如果需要同样的功能，直接通过起好的名字就可以调用这段代码。下面演示了如何将我们自己实现的 len() 函数封装成一个函数：

```
1.  #自定义 len()函数
2.  def my_len(str):
3.      length = 0
4.      for c in str:
5.          length = length + 1
6.      return length
7.  #调用自定义的 my_len()函数
8.  length = my_len("http://www.gdsfjy.cn")
9.  print (length)
10.
11.     #再次调用 my_len ()函数
12.     length = my_len("http://www.gdut.edu.cn")
13.     print (length)
```

运行结果：

20

22

如果读者接触过其他编程语言中的函数，以上对于函数的描述，肯定不会陌生。但需要注意的一点是，和其他编程语言中函数相同的是，Python 函数也支持接收多个（≥0）参数；不同之处在于，Python 函数还支持返回多个（≥0）值。比如，在上面的程序中，我们自己封装了 my_len(str) 函数，在定义此函数时，为其设置了 1 个 str 参数，同时该函数经过内部处理，会返回 1 个 length 值。分析 my_len() 函数这个实例，读者不难看出，函数的使用大致分为两步，分别是定义函数和调用函数。接下来为读者进行详细的讲解。

定义函数，也就是创建一个函数，可以理解为创建一个具有某些用途的工具。定义函数需要用 def 关键字实现，具体的语法格式如下：

def 函数名(参数列表):

  //实现特定功能的多行代码

[return [返回值]]

其中，用[]括起来的为可选择部分，即可以使用，也可以省略。此格式中，各部分参数的含义如下：函数名其实就是一个符合 Python 语法的标识符，但不建议读者使用 a、b、c 这类简单的标识符作为函数名，函数名最好能够体现出该函数的功能（如上面的 my_len，即表示我们自定义的 len() 函数）。参数列表表示设置该函数可以接收多少个参数，多个参数之间用逗号分隔。[return [返回值]]，其可以整体作为函数的可选参数，用于设置该函数的返回值。也就是说，一个函数，可以有返回值，也可以没有返回值，是否需要根据实际情况而定。

这里需要注意的是，在创建函数时，即使函数不需要参数，也必须保留一对空的()，否则 Python 解释器将提示"invaild syntax"错误。另外，如果想定义一个没有任何功能的空函数，可以使用 pass 语句作为占位符。例如，下面定义了两个函数：

1. #定义个空函数,没有实际意义
2. def pass_dis( ):
3. 　　pass
4. #定义一个比较字符串大小的函数
5. def str_max(str1, str2):
6. 　　str = str1 if str1 > str2 else str2
7. 　　return str

另外值得一提的是，函数中的 return 语句可以直接返回一个表达式的值。

### 5.1.3 Python 函数的调用

调用函数也就是执行函数。如果把创建的函数理解为一个具有某种用途的工具，那么调用函数就相当于使用该工具。函数调用的基本语法格式如下所示：

[返回值] = 函数名([形参值])

其中，函数名指的是要调用的函数的名称；形参值指的是当初创建函数时要求传入的各个形参的值。如果该函数有返回值，我们可以通过一个变量来接收该值，当然也可以不接收。需要注意的是，创建函数有多少个形参，那么调用时就需要传入多少个值，且顺序必须和创建函数时一致。即便该函数没有参数，函数名后的小括号也不能省略。例如，我们可以调用上面创建的 pass_dis() 和 str_max() 函数：

1. pass_dis()
2. strmax = str_max("http://www.gdsfjy.cn", "http://www.gdut.edu.cn");
3. print (strmax)

运行结果：

http://www.gdut.edu.cn

首先，对于调用空函数来说，函数本身并不包含任何有价值的执行代码，也没有返回值，因此调用空函数不会有任何效果。其次，上面程序中调用 str_max( ) 函数，当初定义该函数时为其设置了 2 个参数，因此这里在调用该参数时，就必须传入 2 个参数。最后，该函数内部还使用了 return 语句，因此我们可以使用 strmax 变量来接收该函数的返回值。

### 5.1.4 Python 函数说明文档

前面的学习单元讲过，通过调用 Python 的 help( ) 内置函数或者 _ _doc_ _ 属性，我们可以查看某个函数的使用说明文档。事实上，无论是 Python 提供的函数，还是我们自定义的函数，其说明文档都需要设计该函数的程序员自己编写。其实，函数的说明文档本质就是一段字符串，只不过作为说明文档，字符串的放置位置是有讲究的，函数的说明文档通常位于函数内部、所有代码的最前面。以上面程序中的 str_max( ) 函数为例，下面演示了如何为其设置说明文档：

1. #定义一个比较字符串大小的函数
2. def str_max(str1, str2):
3.   '''
4.    比较 2 个字符串的大小
5.   '''
6.   str = str1 if str1 > str2 else str2
7.   return str
8. help(str_max)
9. #print(str_max. _ _doc_ _)

运行结果：

Help on function str_max in module _ _main_ _:

str_max(str1, str2)

  比较 2 个字符串的大小

上面程序中，还可以使用 _ _doc_ _ 属性来获取 str_max( ) 函数的说明文档，即使用最后一行的输出语句，其输出结果为：

  比较 2 个字符串的大小

## 5.2　函数值传递和引用传递

### 5.2.1 本节重点

- 理解并掌握形参和实参的定义和使用
- 理解并掌握 Python 函数值传递和引用传递

### 5.2.2 形参和实参

通常情况下，定义函数时都会选择有参数的函数形式。函数参数的作用是传递数据给函数，令其对接收的数据做具体的操作处理。在使用函数时，经常会用到形式参数（简称"形参"）和实际参数（简称"实参"），二者都叫参数。

形式参数：在定义函数时，函数名后面括号中的参数就是形式参数。

实际参数：在调用函数时，函数名后面括号中的参数被称为实际参数，也就是函数的调用者给函数的参数。

如以下示例：

1. #定义函数时,这里的函数参数 obj 就是形式参数

2. def demo(obj):

3. 　　　 print (obj)

调用系数：

1. a= "广司警官网"

2. #调用已经定义好的 demo 函数,此时传入的函数参数 a 就是实际参数

3. demo(a)

### 5.2.3 值传递和引用传递

明白了什么是形参和实参后，再来想一个问题，那就是实参是如何传递给形参的呢？Python 中，根据实际参数的类型不同，函数参数的传递方式可分为两种，分别为值传递和引用（地址）传递。

值传递：适用于实参类型为不可变类型（字符串、数字、元组）。

引用（地址）传递：适用于实参类型为可变类型（列表、字典）。

值传递和引用传递的区别是，函数参数进行值传递后，若形参的值发生改变，不会影响实参的值；而函数参数进行引用传递后，改变形参的值，实参的值也会一同改变。例如，定义一个名为 demo 的函数，分别传入一个字符串类型的变量（代表值传递）和列表类型的变量（代表引用传递）：

1. def demo(obj) :

　　 obj += obj

　　 print("形参值为: ", obj)

2. print("-------值传递-----")

3. a = "广司警官网"

4. print("a 的值为: ", a)

5. demo(a)

6. print("实参值为: ", a)

7. print("-----引用传递-----")

8. a = [1, 2, 3]

9. print("a 的值为:", a)

10. demo(a)

11. print("实参值为:", a)

运行结果:

-------值传递-----

a 的值为: 广司警官网

形参值为: 广司警官网广司警官网

实参值为: 广司警官网

-----引用传递-----

a 的值为: [1, 2, 3]

形参值为: [1, 2, 3, 1, 2, 3]

实参值为: [1, 2, 3, 1, 2, 3]

读者分析上述运行结果不难看出，在执行值传递时，改变形式参数的值，实际参数并不会发生改变；而在进行引用传递时，改变形式参数的值，实际参数也会发生同样的改变。

# 5.3　位置参数

### 5.3.1 本节重点

● 理解并掌握 Python 位置参数的定义和使用

### 5.3.2 位置参数

位置参数，有时也称必备参数，指的是必须按照正确的顺序将实际参数传到函数中。换句话说，调用函数时传入实际参数的数量和位置都必须和定义函数时保持一致。在调用函数时，指定的实际参数的数量必须和形式参数的数量一致（传多传少都不行），否则 Python 解释器会抛出 TypeError 异常，并提示缺少必要的位置参数。

例如:

1. def girth(width , height):

2.　　　return 2 * (width + height)

3. #调用函数时,必须传递 2 个参数,否则会引发错误

4. print (girth(3))

运行结果:

Traceback (most recent call last):

　　File "C:\Users\mengma\Desktop\1.py", line 4, in <module>

　　　print(girth(3))

TypeError: girth() missing 1 required positional argument: 'height'

读者可以看到，抛出的异常类型为 TypeError，具体是指 girth() 函数缺少一个必要的 height 参数。同样，多传参数也会抛出异常：

1. def girth(width , height):

2. 　　return 2 ＊ (width + height)

3. #调用函数时，必须传递 2 个参数，否则会引发错误

4. print (girth(3, 2, 4))

运行结果:

Traceback (most recent call last):

　　File "C:\Users\mengma\Desktop\1.py", line 4, in <module>

　　　print(girth(3, 2, 4))

TypeError: girth() takes 2 positional arguments but 3 were given

TypeError 异常信息表明，girth() 函数本只需要 2 个参数，但是却传入了 3 个参数。

此外，实参和形参位置必须一致，读者可以自行调整上面例子进行操作。

# 5.4　关键字参数

### 5.4.1 本节重点

● 理解并掌握关键字参数的定义和使用

### 5.4.2 关键字参数

目前为止，我们使用函数时所用的参数都是位置参数，即传入函数的实际参数必须与形式参数的数量和位置对应。而本节将介绍的关键字参数，则可以避免记忆参数位置的麻烦，令函数的调用和参数传递更加灵活方便。关键字参数是指使用形式参数的名字来确定输入的参数值。通过此方式指定函数实参时，不再需要与形参的位置完全一致，只要将参数名写正确即可。因此，Python 函数的参数名应该具有更好的语义，这样程序可以立刻明确，传入函数的每个参数的含义。例如，在下面的程序中就使用了关键字参数的形式给函数传参：

1. def dis_str(str1, str2):

2. 　　print ("str1:", str1)

3.　　　print ("str2: ", str2)

4.#位置参数

5. dis_str("http://www. gdsfjy. cn", "http://www. gdut. edu. cn")

6.#关键字参数

7. dis_str("http://www. gdsfjy. cn", str2 = "http://www. gdut. edu. cn")

8. dis_str(str2 = "http://www. gdsfjy. cn", str1 = "http://www. gdut. edu. cn")

运行结果:

str1: http://www. gdsfjy. cn/

str2: http://www. gdut. edu. cn

str1: http://www. gdsfjy. cn

str2: http://www. gdut. edu. cn

str1: http://www. gdut. edu. cn

str2: http://www. gdsfjy. cn

读者可以看到,在调用有参函数时,既可以根据位置参数来调用,也可以使用关键字参数(程序中第 8 行)来调用。在使用关键字参数调用时,可以任意调换参数传参的位置。当然,还可以像第 7 行代码这样,使用位置参数和关键字参数混合传参的方式。但需要注意,混合传参时关键字参数必须位于所有的位置参数之后。

# 5.5　默认参数

## 5.5.1 本节重点

● 理解并掌握默认参数的定义和使用

## 5.5.2 默认参数

我们知道,在调用函数时如果不指定某个参数,Python 解释器就会抛出异常。为了解决这个问题,Python 允许为参数设置默认值,即在定义函数时,直接给形式参数指定一个默认值。这样的话,即便调用函数时没有给拥有默认值的形参传递参数,该参数也可以直接使用定义函数时设置的默认值。Python 定义带有默认值参数的函数,其语法格式如下:

def 函数名(..., 形参名, 形参名 = 默认值):

　　代码块

注意:在使用此格式定义函数时,指定有默认值的形式参数必须在所有没默认值参数的最后,否则会产生语法错误。

下面程序演示了如何定义和调用有默认值参数的函数:

1. #str1 没有默认参数, str2 有默认参数

2. def dis_str(str1, str2 = "http://www.gdsfjy.cn"):

3.　　　print ("str1: ", str1)

4.　　　print ("str2: ", str2)

5.

6. dis_str("http://www.gdut.edu.cn")

7. dis_str("http://www.gdsfjy.cn/xinxixi", "http://www.gdut.edu.cn/computer")

运行结果:

str1: http://www.gdut.edu.cn

str2: http://www.gdsfjy.cn

str1: http://www.gdsfjy.cn/xinxixi

str2: http://www.gdut.edu.cn/computer

上面程序中, dis_str() 函数有 2 个参数, 其中第 2 个设有默认参数。这意味着, 在调用 dis_str() 函数时, 我们可以仅传入 1 个参数, 此时该参数会传给 str1 参数, 而 str2 会使用默认的参数, 如程序中第 6 行代码所示。当然在调用 dis_str() 函数时, 也可以给所有的参数传值 (如第 7 行代码所示), 这时即便 str2 有默认值, 它也会优先使用传递给它的新值。同时, 结合关键字参数, 以下三种调用 dis_str() 函数的方式也是可以的:

1. dis_str(str1 = " http://www.gdsfjy.cn ")

2. dis_str("http://www.gdut.edu.cn ", str2 = "

http://www.gdut.edu.cn/computer ")

3. dis_str(str1 = "http://www.gdsfjy.cn/xinxixi", str2 = "

http://www.gdut.edu.cn/computer")

再次强调, 当定义一个有默认值参数的函数时, 有默认值的参数必须位于所有没默认值参数的后面。有读者可能会问: 对于自定义的函数, 可以轻易知道哪个参数有默认值。但如果使用 Python 提供的内置函数, 又或者其他第三方提供的函数, 怎么知道哪些参数有默认值呢? Pyhton 中, 可以使用 "函数名.__defaults__" 查看函数的默认值参数的当前值, 其返回值是一个元组。

# 5.6　None 空值

### 5.6.1 本节重点

● 理解并掌握 None 空值

### 5.6.2 None **空值**

在 Python 中，有一个特殊的常量 None（N 必须大写）。和 False 不同，它不表示 0，也不表示空字符串，而表示没有值，也就是空值。这里的空值并不代表空对象，即 None 和［］、""不同：

```
>>> None is []
False
>>> None is ""
False
```

None 有自己的数据类型，我们可以在 IDLE 中使用 type()函数来查看它的类型，执行代码如下：

```
>>> type(None)
<class 'NoneType'>
```

我们可以看到,它属于 NoneType 类型。需要注意的是，None 是 NoneType 数据类型的唯一值（其他编程语言可能称这个值为 null、nil 或 undefined）。也就是说，我们不能再创建其他 NoneType 类型的变量，但是可以将 None 赋值给任何变量。如果希望变量中存储的东西不与任何其他值混淆，就可以使用 None。除此之外，None 常用于 assert、判断以及函数无返回值的情况。举个例子，在前面章节中我们一直使用 print() 函数输出数据，其实该函数的返回值就是 None。因为 print() 的功能是在屏幕上显示文本，根本不需要返回任何值，所以 print() 就是返回 None。

```
>>> hua = print('Hello! ')
Hello!
>>> None == hua
True
```

另外，对于所有没有 return 语句的函数定义，Python 都会在末尾加上 return None。使用不带值的 return 语句（也就是只有 return 关键字本身），就会返回 None。

## 5.7　return 函数返回值

### 5.7.1 **本节重点**

- 理解并掌握 return 函数返回值的定义和使用

### 5.7.2 **返回值** return

到目前为止，我们创建的函数都只是对传入的数据进行了处理，处理完即结束。

但实际上，在某些场景中，我们还需要函数将处理的结果反馈回来，就好像主管向下级员工下达命令，让其去打印文件，员工打印好文件后并没有完成任务，还需要将文件交给主管。Python 中，用 def 语句创建函数时，可以用 return 语句指定应该返回的值，该返回值可以是任意类型。需要注意的是，return 语句在同一函数中可以出现多次，但只要有一个得到执行，就会直接结束函数的执行。函数中，使用 return 语句的语法格式如下：

return [返回值]

其中，返回值参数可以指定，也可以省略不写（将返回空值 None）。示例如下：

```
1. def add(a, b):
2.     c = a + b
3.     return c
4. #函数赋值给变量
5. c = add(3, 4)
6. print(c)
7. #函数返回值作为其他函数的实际参数
8. print(add(3, 4))
```

运行结果：

```
7
7
```

本例中，add() 函数既可以用来计算两个数的和，也可以连接两个字符串，它会返回计算的结果。通过 return 语句指定返回值后，我们在调用函数时，既可以将该函数赋值给一个变量，用变量保存函数的返回值，也可以将函数再作为某个函数的实际参数：

```
1. def FF(x):
2.     if x > 0:
3.         return True
4.     else:
5.         return False
6. print(FF(5))
7. print(FF(0))
```

运行结果：

```
True
False
```

读者可以看到，函数中可以同时包含多个 return 语句。但需要注意的是，最终真正执行的最多只有 1 个，且一旦执行，函数运行会立即结束。以上实例中，return 语句都仅返回了一个值，但其实 return 语句可以返回多个值。限于篇幅，建议读者可以发挥创造力，查阅相关资料，自行编写代码进行实践。

# 5.8　变量作用域

所谓作用域（Scope），即变量的有效范围，就是变量可以在哪个范围使用。有些变量可以在整段代码的任意位置使用，有些变量只能在函数内部使用，有些变量只能在 for 循环内部使用。变量的作用域由变量的定义位置决定，在不同位置定义的变量，它的作用域是不一样的。本节我们只讲解两种变量，局部变量和全局变量。

### 5.8.1 本节重点

- 掌握局部变量的使用
- 掌握全局变量的使用
- 掌握指定域变量的使用

### 5.8.2 局部变量

在函数内部定义的变量，它的作用域也仅限于函数内部，出了函数就不能使用了，我们将这样的变量称为局部变量（Local Variable）。当函数被执行时，Python 会为其分配一块临时的存储空间，所有在函数内部定义的变量，都会存储在这块空间中。而在函数执行完毕后，这块临时存储空间随即会被释放并回收，该空间中存储的变量自然也就无法再被使用。

举个例子：

1. def demo():
2.     add = "http://www.gdsfjy.cn"
3.         print("函数内部 add =", add)
4.
5. demo()
6. print("函数外部 add =", add)

运行结果：

Traceback (most recent call last):
  File "D:/PythonProject/LessonTeacher/Lesson18/test.py", line 6, in <module>
    print("函数外部 add =", add)
NameError: name 'add' is not defined
函数内部 add = http://www.gdsfjy.cn

读者可以看到，如果试图在函数外部访问其内部定义的变量，Python 解释器会报 NameError 错误，并提示我们没有定义要访问的变量，这也证实了当函数执行完毕后，其内部定义的变量会被销毁并回收。值得一提的是，函数的参数也属于局部变量，只能在函数内部使用。例如：

1. def demo(name, add):
2. 　　print ("函数内部 name =", name)
3. 　　print ("函数内部 add =", add)
4. demo("GSJ 官网", "http://www. gdsfjy. cn")
5.
6. print ("函数外部 name =", name)
7. print ("函数外部 add =", add)

运行结果：

Traceback (most recent call last):
　File "D: /PythonProject/LessonTeacher/Lesson18/test. py", line 6, in <module>
函数内部 name = Python 教程
　　print("函数外部 name =", name)
NameError: name 'name' is not defined
函数内部 add = http://www. gdsfjy. cn

Python 解释器逐行运行程序代码，因此这里仅提示 "name 没有定义"，实际上在函数外部访问 add 变量时也会报同样的错误。

### 5.8.3 全局变量

除了在函数内部定义变量，Python 还允许在所有函数的外部定义变量，这样的变量称为全局变量（Global Variable）。和局部变量不同。全局变量的默认作用域是整个程序，即全局变量既可以在各个函数的外部使用，也可以在各函数的内部使用。定义全局变量的方式有以下两种：

（1）在函数体外定义的变量，一定是全局变量，例如：

1. add = "http://www. gdsfjy. cn"
2. def text():
3. 　　print ("函数体内访问: ", add)
4. text()
5. print ('函数体外访问:', add)

运行结果：

函数体内访问: http://www. gdsfjy. cn
函数体外访问: http://www. gdsfjy. cn

（2）在函数体内定义全局变量。使用 global 关键字对变量进行修饰后，该变量就会变为全局变量。例如：

1. def text( )：
2.　　global add
3.　　add = "http：//www. gdsfjy. cn"
4.　　print（"函数体内访问："，add）
5. text( )
6. print（'函数体外访问：',add）

运行结果：

函数体内访问：http：//www. gdsfjy. cn

函数体外访问：http：//www. gdsfjy. cn

注意：在使用 global 关键字修饰变量名时，不能直接给变量赋初值，否则会引发语法错误。

### 5.8.4 获取指定域变量

在一些特定场景中，我们可能需要获取某个作用域内（全局范围内或者局部范围内）所有的变量，Python 提供了以下两种方式：

（1）globals( )函数。globals( ) 函数为 Python 的内置函数，它可以返回一个包含全局范围内所有变量的字典。该字典中的每个键值对，键为变量名，值为该变量的值。

举个例子：

1. #全局变量
2. Gsjname = "广司警"
3. Gsjadd = "http：//www. gdsfjy. cn"
4. def text( )：
5.　　#局部变量
6.　　Gdutname = "广工"
7.　　Gdutadd = "http：//www. gdut. edu. cn"
8. print（globals( )）

运行结果：

{'＿＿name＿＿'：'＿＿main＿＿', '＿＿doc＿＿'：None, '＿＿package＿＿'：None, '＿＿loader＿＿'：<_frozen_importlib_external. SourceFileLoader object at 0x02CAE658>, '＿＿spec＿＿'：None, '＿＿annotations＿＿'：{ }, '＿＿builtins＿＿'：<module 'builtins'（built-in）>, '＿＿file＿＿'：'D：/PythonProject/LessonTeacher/Lesson18/test. py',  '＿＿cached＿＿'：None, 'Gsjname'：'广司警', 'Gsjadd'：'http：//www. gdsfjy. cn', 'text'：<function text at 0x02DAD6A0>}

注意：globals( ) 函数返回的字典中，会默认包含很多变量，这些都是 Python 主程序内置的，读者暂时不用理会它们。观察一下，发现返回的是一个字典，即我们可以得到一个包含所有全局变量的字典。通过该字典，我们还可以访问指定变量，如果需要，甚至还可以修改它的值。

（2）locals（）函数。locals（）函数也是 Python 内置函数之一，通过调用该函数，我们可以得到一个包含当前作用域内所有变量的字典。这里所谓的"当前作用域"指的是，在函数内部调用 locals（）函数，会获得包含所有局部变量的字典；而在全局范围内调用 locals（）函数，其功能和 globals（）函数相同。

举个例子：

1. #全局变量

2. Pyname = "Python"

3. Pyadd = http://www.python.com/

4. def text（）：

5. #局部变量

6. 　　Shename = "shell"

7. 　　Sheadd = http://www.shell.com/

8. 　　print（"函数内部的 locals："）

9. 　　print（locals（））

10. text（）

11. print（"函数外部的 locals："）

12. print（locals（））

运行结果：

函数内部的 locals：

{'Shename': 'shell', 'Sheadd': 'http://www.shell.com/'}

函数外部的 locals：

{'__name__': '__main__', '__doc__': None, '__package__': None, '__loader__': <_frozen_importlib_external.SourceFileLoader object at 0x02B1E658>, '__spec__': None, '__annotations__': {}, '__builtins__': <module 'builtins' (built-in)>, '__file__': 'D:/PythonProject/LessonTeacher/Lesson18/test.py', '__cached__': None, 'Pyname': 'Python', 'Pyadd': 'http://www.python.com/', 'text': <function text at 0x02C1D6A0>}

当使用 locals（）函数获取所有全局变量时，和 globals（）函数一样，其返回的字典中会默认包含很多变量，这些都是 Python 主程序内置的，读者暂时不用理会它们。

# 5.9 局部函数

### 5.9.1 本节重点

● 掌握局部函数的使用

### 5.9.2 局部函数

通过前面的学习我们知道，Python 函数内部可以定义变量，这样就产生了局部变量。有读者可能会问：Python 函数内部能定义函数吗？答案是肯定的。Python 支持在函数内部定义函数，此类函数又称为局部函数。那么，局部函数有哪些特征，在使用时需要注意什么呢？接下来就给读者详细介绍 Python 局部函数的用法。首先，和局部变量一样，默认情况下局部函数只能在其所在函数的作用域内使用。例如：

1. #全局函数
2. def outdef ( ):
3.    #局部函数
4.    def indef( ):
5.       print ("http://www.gdsfjy.cn")
6.    #调用局部函数
7.    indef( )
8. #调用全局函数
9. outdef( )

运行结果：

http://www.gdsfjy.cn

如同全局函数返回其局部变量，就可以扩大该变量的作用域一样，通过将局部函数作为所在函数的返回值，也可以扩大局部函数的使用范围。例如，修改上面的程序为：

1. #全局函数
2. def outdef ( ):
3.    def indef( ):          #局部函数
4.    print ("调用局部函数")
5. #调用局部函数
6.    return indef
7. new_indef= outdef( )       #调用全局函数
8. #调用全局函数中的局部函数

9. new_indef( )

运行结果:

调用局部函数

因此，局部函数的作用域可以总结为：如果所在函数没有返回局部函数，则局部函数的可用范围仅限于所在函数内部；反之，如果所在函数将局部函数作为返回值，则局部函数的作用域就会扩大，既可以在所在函数内部使用，也可以在所在函数的作用域中使用。以上面程序中的 outdef( ) 和 indef( ) 为例，如果 outdef( ) 不将 indef 作为返回值，则 indef( ) 只能在 outdef( ) 函数内部使用；反之，则 indef( ) 函数既可以在 outdef( ) 函数内部使用，也可以在 outdef( ) 函数的作用域，也就是全局范围内使用。

另外值得一提的是，如果局部函数中定义的变量，有和所在函数中变量同名的，也会发生"遮蔽"的问题。例如：

```
1. def outdef ():                        #全局函数
2.     name = "所在函数中定义的 name 变量"
3.     #局部函数
4.     def indef():
5.         print (name)
6.         name = "局部函数中定义的 name 变量"
7.
8.     indef()
9. outdef()                              #调用全局函数
```

执行此程序，Python 解释器会报如下错误：

UnboundLocalError: local variable 'name' referenced before assignment

此错误直译过来的意思是"局部变量 name 还没定义就使用"。导致该错误的原因在于，局部函数 indef( ) 中定义的 name 变量遮蔽了所在函数 outdef( ) 中定义的 name 变量。再加上，indef( ) 函数中 name 变量的定义位于 print( ) 输出语句之后，导致 print (name) 语句在执行时找不到定义的 name 变量，因此程序报错。这里的 name 变量也是局部变量，因此前面章节讲解的 globals( ) 函数或者 globals 关键字，并不适用于解决此问题。这里可以使用 Python 提供的 nonlocal 关键字。

例如，修改上面程序为：

```
1. def outdef ():                        #全局函数
2.     name = "所在函数中定义的 name 变量"
3.     #局部函数
4.     def indef():
5.             nonlocal name
6.             print (name)
```

171

7. name = "局部函数中定义的 name 变量"

8.     indef()

9. outdef()                                 #调用全局函数

现在，读者可以试试运行结果。

# 5.10　匿名函数

## 5.10.1 本节重点

- 掌握 lambda 表达式的使用

## 5.10.2 匿名函数

对于定义一个简单的函数，Python 还提供了另外一种方法，即 lambda 表达式。lambda 表达式，又称匿名函数，常用来表示内部仅包含 1 行表达式的函数。如果一个函数的函数体仅有 1 行表达式，则该函数就可以用 lambda 表达式来代替。lambda 表达式的语法格式如下：

name = lambda [list]：表达式

其中，定义 lambda 表达式，必须使用 lambda 关键字；［list］作为可选参数，等同于定义函数是指定的参数列表；value 为该表达式的名称。该语法格式转换成普通函数的形式如下：

1. def name(list)：

2.    return 表达式

3. name(list)

显然，使用普通方法定义此函数，需要 3 行代码，而使用 lambda 表达式仅需 1 行。

举个例子，如果设计一个求两个数之和的函数，使用普通函数的方式，定义如下：

1. def add(x, y)：

2.    return x+ y

3. print (add(3, 4))

运行结果：

7

上面程序中，add() 函数内部仅有 1 行表达式，因此该函数可以直接用 lambda 表达式表示：

1. add= lambda x, y: x+y

2. print (add(3, 4))

运行结果:

7

读者可以这样理解 lambda 表达式,其就是简单函数(函数体仅是单行的表达式)的简写版本。相比简单函数,lamba 表达式具有以下两个优势:

(1)对于单行函数,使用 lambda 表达式可以省去定义函数的过程,让代码更加简洁;

(2)对于不需要多次使用的函数,使用 lambda 表达式可以在用完之后立即释放,提高程序执行的性能。

## 5.11  单元总结

学习单元 5 介绍了函数的知识,文中通过示例代码将函数用法介绍得非常详细。相信读者学习完本单元的知识,可以懂得怎么书写函数、怎么阅读函数、怎么使用函数。

# 单元练习

一、选择题

1. 构造函数是类的一个特殊函数,在 Python 中,构造函数的名称为(    )。

A. 与类同名        B. _ _construct        C. _ _init _ _        D. init

2. 每个 Python 类都包含一个特殊的变量(    )。它表示当前类自身,可以使用它来引用类中的成员变量和成员函数。

A. this            B. me            C. self            D. 与类同名

3. Python 定义私有变量的方法为(    )。

A. 使用_ _private 关键字            B. 使用 public 关键字

C. 使用_ _xxx_ _定义变量名            D. 使用_ _xxx 定义变量名

4. 下列关于函数的说法不正确的是(    )。

A. 函数可以没有参数            B. 函数可以有多个返回值

C. 函数可以没有 return 语句            D. 函数都有返回值

5. 调用以下函数返回的值是(    )。

def myfun():

pass

A. 0            B. 出错不能运行        C. 空字符串        D. None

6. 使用(    )关键字来创建 Python 自定义函数。

A. function        B. func            C. procedure        D. def

7. 下面程序的运行结果为（　　　）。

a = 10

def　setNumber ()：

a = 100

setNumber ()

print (a)

A. 10　　　　　　　B. 100　　　　　　C. 10100　　　　D. 10010

8. 关于函数参数传递中，形参与实参的描述错误的是（　　　）。

A. Python 实行值传递参数。值传递指调用函数时将常量或变量的值（实参）传递给函数的参数（形参）

B. 实参与形参存储在各自的内存空间中，是两个不相关的独立变量

C. 在参数内部改变形参的值，实参的值一般是不会改变的

D. 实参与形参的名字必须相同

9. 下面程序的运行结果为（　　　）。

def　swap (list)：

temp = list [0]

list [0] = list [1]

list [1] = temp

list = [1, 2]

swap (list)

print (list)

A. [1, 2]　　　　B. [2, 1]　　　　C. [2, 2]　　　　D. [1, 1]

10. （　　　）表达式是一种匿名函数，是从数学里的 λ 得名。

A. lambda　　　B. map　　　　C. filter　　　D. zip

11. （　　　）函数用于将指定序列中的所有元素作为参数调用指定函数，并将结果构成一个新的序列返回。

A. lambda　　　B. map　　　　C. filter　　　D. zip

12. （　　　）函数以一系列列表作为参数，将列表中对应的元素打包成一个个元组，然后返回由这些元组组成的列表。

A. lambda　　　B. map　　　　C. filter　　　D. zip

13. （　　　）函数是指直接或间接调用函数本身的函数。

A. 递归　　　　B. 闭包　　　　C. lambda　　　D. 匿名

14. 在 Python 中，以下关于函数的描述错误的是哪一项？（　　　）

A. 在 Python 中，关键字参数是让调用者通过使用参数名区分参数，在使用时不允许改变参数列表中的参数顺序。

B. 在 Python 中，默认参数的值可以修改。

C. 在 Python 中，引入了函数式编程的思想，函数本身亦为对象。

D. 在 Python 中，函数的 return 语句可以以元组 tuple 的方式返回多个值。

15. 在 Python 中，以下关于函数的关键字参数使用限制，错误的是哪一项？（　　　）。

A. 关键字参数必须位于位置参数之前　　B. 不得重复提供实际参数

C. 关键字参数必须位于位置参数之后　　D. 关键字参数顺序无限制

二、填空题

1. Python 中定义函数的关键字就是＿＿＿＿＿＿＿＿。

2. 函数定义时确定的参数称为 ＿＿＿＿＿＿＿＿，而函数调用时提供的参数称为＿＿＿＿＿＿＿＿。

3. 在函数内部可以通过关键字＿＿＿＿＿＿＿＿来定义全局变量。

4. 如果函数中没有＿＿＿＿＿＿＿＿语句或者＿＿＿＿＿＿＿＿语句不带任何返回值，那么该函数的返回值为＿＿＿＿＿＿＿＿。

5. 已知有函数定义 def demo( * p)：return sum(p)，那么表达式 demo(1,2,3) 的值为＿＿＿＿＿＿＿＿，表达式 demo(1,2,3,4) 的值为＿＿＿＿＿＿＿＿。

三、编程

1. 编写函数，实现求 Fibonacci（斐波拉契）数列第 n 项的值。

2. 编写函数，判断一个整数是否为素数，并编写主程序调用该函数。

3. 编写函数，判断两个数是否互质。

4. 编写函数，分别用递归和非递归方式实现 s = 1+2+3+…+n，函数原型定义为：sum(n)。

5. 编写函数，用递归方式实现求 an 的值，函数原型定义为：pow(a,n)。

学习单元 6

# 类和对象

Python 语言在设计之初，就被定位为一门面向对象的编程语言。"Python 中一切皆对象"就是对 Python 这门编程语言的完美诠释。类和对象是 Python 的重要特征，相比其他面向对象语言，Python 很容易创建出一个类和对象。同时，Python 也支持面向对象的三大特征：封装、继承和多态。本章不仅会教授读者 Python 类和对象的基本语法，还可以带读者深入底层，了解 Python 面向对象的实现原理。

## 6.1 什么是面向对象

### 6.1.1 本节重点

- 理解面向对象编程思想

### 6.1.2 面向对象介绍

读者应该听过 Python 中"一切皆对象"的说法，但可能并不了解它的具体含义，只是在学习的时候听说 Python 是面向对象的编程语言。本节将向大家详细介绍 Python 面向对象的含义。面向对象编程是在面向过程编程的基础上发展起来的，它比面向过程编程具有更强的灵活性和扩展性。面向对象编程是程序员发展的分水岭，很多初学者会因无法理解面向对象而放弃学习编程。面向对象编程（Object – oriented Programming，简称 OOP），是一种封装代码的方法。其实，在前面章节的学习中，我们已经接触了封装。比如说，将不同类型的数据扔进列表中，这就是一种简单的封装，是数据层面的封装；把常用的代码块打包成一个函数，这也是一种封装，是语句层面的封装。那么代码封装，其实就是隐藏实现功能的具体代码，仅留给用户使用的接口。这就好像使用计算机，用户使用键盘、鼠标就可以实现一些功能，而根本不需要知道其内部是如何工作的。

本学习单元讲述的是面向对象编程，也是一种封装的思想，不过显然比以上两种封装更先进，它可以更好地模拟真实世界里的事物（将其视为对象），并把描述特征的数据和代码块（函数）封装到一起。

举个例子，若在某游戏中设计一只老虎，应该如何来实现呢？使用面向对象的思想会更简单，可以分为如下两个方面进行描述：

（1）从表面特征来描述，例如，花色的、有 4 条腿、重 100 kg、有尾巴等。

（2）从行为来描述，例如，它会奔跑、会吃肉、会睡觉、会摇尾巴等。

如果将老虎用代码来表示，则其表面特征可以用变量来表示，其行为特征可以通过建立各种函数来表示。参考代码如下所示：

```
1. class Tiger:
2.     bodyColor = "花色"
3.     footNum = 4
4.     weight = 100
5.     hasTail = True
6.
7.     #会奔跑
8.     def run(self):
9.         print("老虎会奔跑")
10.     #会吃肉
11.     def eat(self):
12.         print("老虎会吃肉")
13.     #会睡觉
14.     def sleep(self):
15.         print("老虎会睡觉")
16.     #会摇尾巴
17.     def tail(self):
18.         print("老虎会摇尾巴")
```

注意：以上代码仅是为了演示面向对象的编程思想，具体细节后续会作详细介绍。因此，从某种程度上讲，相比于只用变量或只用函数，使用面向对象的思想可以更好地模拟现实生活中的事物。不仅如此，在 Python 中，所有的变量其实也都是对象，包括整形（int）、浮点型（float）、字符串（str）、列表（list）、元组（tuple）、字典（dict）和集合（set）。以字典（dict）为例，它包含多个函数以供我们使用，例如使用 keys() 获取字典中所有的键；使用 values() 获取字典中所有的值；使用 item() 获取字典中所有的键值对；等等。

### 6.1.3 面向对象相关术语

在系统学习面向对象编程之前，初学者要了解有关面向对象的一些术语。当和其他人讨论代码或者尝试查找问题的解决方案时，知道正确的术语会很有帮助。面向对象中，常用术语包括：

（1）类：读者可以将其理解成一个模板，通过它可以创建出无数个具体实例。比如，前面编写的 Tiger 表示的只是老虎这个物种，通过它可以创建出无数个实例来代表各种不同特征的老虎（这一过程又称为类的实例化）。

（2）对象：类并不能被直接使用，通过类创建出的实例（又称对象）才能被使用。这有点像汽车图纸和汽车的关系，图纸本身（类）并不能被人们使用，通过图纸创建出的一辆辆车（对象）才能被使用。

（3）属性：类中的所有变量被称为属性。例如，Tiger 这个类中，bodyColor、footNum、weight、hasTaill 都是这个类拥有的属性。

（4）方法：类中的所有函数通常被称为方法。不过，和函数有所不同的是，类方法至少要包含一个 self 参数（后续会作详细介绍）。例如，Tiger 类中，crawl()、eat()、sleep()、tail() 都是这个类所拥有的方法。类方法无法单独使用，只能和类的对象一起使用。

# 6.2　类的定义

### 6.2.1 本节重点

- 理解并掌握类的定义和使用

### 6.2.2 类详解

在前面章节中已经提到，类仅仅具有充当图纸的作用，本身并不能直接拿来用，而只有根据图纸造出的实际物品（对象）才能直接使用。因此，Python 程序中类的使用顺序是这样的：创建（定义）类，也就是制作图纸的过程；创建类的实例对象（根据图纸造出实际物品），通过实例对象实现特定的功能。本节先教大家如何创建（定义）一个类，如何使用定义好的类将放到后续章节中进行讲解。

Python 中定义一个类，使用 class 关键字实现，其基本语法格式如下：

class 类名：

  多个(≥0)类属性 ...

  多个(≥0)类方法 ...

首先，需要注意的是，无论是类属性还是类方法，对于类来说，它们都不是必需的，可以有也可以没有。另外，Python 类中属性和方法所在的位置是任意的，即它们之间并没有固定的前后次序。和变量名一样，类名本质上就是一个标识符，因此我们在给类起名字时，必须让其符合 Python 的语法。有读者可能会问，用 a、b、c 作为类的类名可以吗？从 Python 语法上讲，这是完全没有问题的，但作为一名合格的程序员，我们还必须要考虑程序的可读性。因此，在给类起名字时，最好使用能代表该类功能的单词，例如用"Student"作为学生类的类名；甚至如果有必要，可以使用多个单词组合，例如初学者定义的第一个类的类名可以是"TheFirstDemoClass"。其次需要注意的是，如果由单词构成类名，建议每个单词的首字母大写，其他字母小写。给类起好名字之后，其后要跟有冒号，告诉 Python 解释器，下面要开始设计类的内部功能了，也就是编写类属性和类方法。其实，类属性指的就是包含在类中的变量；而类方法指的是包含在类中的函数。换句话说，类属性和类方法其实分别是包含在类中的变量和函数的别称。最后需要注意的一点是，同属一个类的所有类属性和类方法，要保持统一的缩进格式，通常统一缩进四个空格。

通过上面的分析，我们可以得出这样一个结论，即 Python 类是由类头（class 类名）和类体（统一缩进的变量和函数）构成。例如，下面程序定义一个 TheFirstDemoClass 类：

```
1. class TheFirstDemoClass:
2.     '''这是一个读者学习 Python 定义编写的第一个类'''
3.     # 下面定义了一个类属性
4.         gsjadd = 'http://www.gdsfjy.cn'
5.     # 下面定义了一个 say 方法
6.     def say(self, content):
7.         print(content)
```

和函数一样，我们也可以为类定义说明文档，其应处于类头之后、类体之前的位置，如上面程序中第 2 行的字符串，就是 TheFirstDemoClass 这个类的说明文档。

另外分析上面的代码可以看到，我们创建了一个名为 TheFirstDemoClass 的类，其包含了一个名为 gsjadd 的类属性。需要注意的是，根据定义属性位置的不同，在各个类方法之外定义的变量称为类属性或类变量（如 gsjadd 属性），而在类方法中定义的属性被称为实例属性（或实例变量）。同时，TheFirstDemoClss 类中还包含一个 say() 类方法，细心的读者可能已经看到，该方法包含两个参数，分别是 self 和 content。可以肯定的是，content 参数就只是一个普通参数，没有特殊含义，但 self 比较特殊，并不是普通的参数，它的作用会在后续章节中详细介绍。此外，我们完全可以创建一个没有任何类属性和类方法的类，换句话说，Python 允许创建空类，例如：

```
1. class Nothing:
2.     pass
```

读者可以看到，如果一个类没有任何类属性和类方法，那么可以直接用 pass 关键字作为类体。但在实际应用中，除非预留扩展功能，很少会创建空类，因为空类没有任何实际意义。

# 6.3 构造方法

### 6.3.1 本节重点

- 理解并掌握构造方法的使用

### 6.3.2 创建构造方法

在创建类时，我们可以手动添加一个 _ _init_ _() 方法，该方法是一个特殊的类实例方法，被称为构造方法（或构造函数）。构造方法在创建对象时使用，每当创建一个类的实例对象时，Python 解释器都会自动调用它。Python 类中，手动添加构造方法的语法格式如下：

def _ _init_ _(self, . . . ):

代码块

注意：此方法的方法名中，开头和结尾各有两个下划线，且中间不能有空格。Python 中有很多这种以双下划线开头、双下划线结尾的方法，都具有特殊的意义，后续会一一为大家讲解。另外，_ _init_ _() 方法可以包含多个参数，但必须包含一个名为 self 的参数，且必须作为第一个参数。也就是说，类的构造方法最少也要有一个 self 参数。例如，仍以 TheFirstDemoClass 类为例，添加构造方法的代码如下所示：

1. class TheFirstDemoClass:
2.    '''这是一个读者学习 Python 定义编写的第一个类'''
3.    # 构造方法
4.    def _ _init_ _(self):
5.       print("调用构造方法")
6.    # 下面定义了一个类属性
7.    gsjadd = 'http://www.gdsfjy.cn'
8.    # 下面定义了一个 say 方法
9.    def say(self, content):
10.      print (content)

注意：即便不手动为类添加任何构造方法，Python 也会自动为类添加一个仅包含 self 参数的构造方法。仅包含 self 参数的 _ _init_ _() 构造方法，又称为类的默认构造方法。在上面代码的后面，顶头（不缩进）直接添加如下代码：

1. GsjFirstTest = TheFirstDemoClass()

这行代码的含义是创建一个名为 GsjFirstTest 的 TheFirstDemoClass 类对象。运行代码可看到如下结果：

调用构造方法

显然，在创建这个对象时，隐式调用了我们手动创建的 _ _init_ _() 构造方法。不仅如此，在 _ _init_ _() 构造方法中，除了 self 参数外，还可以自定义一些参数，参数之间使用逗号进行分割。例如，下面的代码在创建 _ _init_ _() 方法时，额外指定了 2 个参数：

1. class LearnHard:
2. 　　"'这是一个有关努力学习定义的一个类"'
3. 　　def _ _init_ _(self, name, add):
4. 　　　　print (name, "的网址为：", add)
5. #创建 add 对象，并传递参数给构造函数
6. add = LearnHard("GSJ 官网", "http://www. gdsfjy. cn")

注意：由于创建对象时会调用类的构造方法，如果构造函数有多个参数时，需要手动传递参数，传递方式如代码中所示（后续章节会做详细讲解）。

运行以上代码，结果为：

GSJ 官网的网址为：http://www. gdsfjy. cn

分析可知，虽然构造方法中有 self、name、add 3 个参数，但实际需要传参的仅有 name 和 add，也就是说，self 不需要手动传递参数。

## 6.4　类及类对象创建和使用

### 6.4.1 本节重点

● 掌握类和类对象的创建和使用

### 6.4.2 类的创建和使用

相信读者经过上面章节知识的学习，已经学会如何定义一个类，但要想使用它，必须创建该类的对象。所谓创建类对象的过程，又称为类的实例化。对已定义好的类进行实例化，其语法格式如下：

类名(参数)

定义类时，如果没有手动添加 _ _init_ _() 构造方法，又或者添加的 _ _init_ _() 中仅有一个 self 参数，则创建类对象时的参数可以省略不写。例如，如下代码创建了名为 CLanguage 的类，并对其进行了实例化：

1. class LearnHard:

```
2.     #下面定义了2个类变量
3.     name = "GSJ"
4.     add = "http://www. gdsfjy. cn"
5.     def __init__(self, name, add):
6.         #下面定义2个实例变量
7.         self. name = name
8.         self. add = add
9.         print (name, "网址为:", add)
10.    #下面定义了一个 say 实例方法
11.    def say(self, content):
12.        print (content)
```

learnstudent = LearnHard("GSJ 官网", "http://www. gdsfjy. cn")

在上面的程序中，由于构造方法除 self 参数外，还包含 2 个参数，且这 2 个参数没有设置默认参数，因此在实例化类对象时，需要传入相应的 name 值和 add 值（self 参数是特殊参数，不需要手动传值，Python 会自动给它传值）。

定义的类只有进行实例化，也就是使用该类创建对象之后，才能得到利用。总的来说，实例化后的类对象可以执行以下操作：访问或修改类对象具有的实例变量，甚至可以添加新的实例变量或者删除已有的实例变量；调用类对象的方法，包括调用现有的方法，以及给类对象动态添加的方法。

（1）类对象访问变量或方法。使用已创建好的类对象访问类中实例变量的语法格式如下：

类对象名. 变量名

使用类对象调用类中方法的语法格式如下：

对象名. 方法名(参数)

注意：对象名和变量名以及方法名之间用点"."连接。

例如，下面代码演示了如何通过 learnstudent 对象调用类中的实例变量和方法：

```
1. #输出 name 和 add 实例变量的值
2. print (learnstudent. name, learnstudent. add)
3. #修改实例变量的值
4. learnstudent. name = "XiaoMaiXi"
5. learnstudent. add = "http://www. ilovegsf. com"
6. #调用 learnstudent 的 say()方法
7. learnstudent. say("人生苦短,我用 Python")
8. #再次输出 name 和 add 的值
9. print (learnstudent. name, learnstudent. add)
```

运行结果：

GSJ 官网 网址为：http://www.gdsfjy.cn

GSJ 官网 http://www.gdsfjy.cn

人生苦短，我用 Python

XiaoMaiXi http://www.ilovegsf.com

（2）类对象动态添加或删除变量。Python 支持为已创建好的对象动态增加实例变量，方法也很简单，举个例子：

1. # 为 learnstudent 对象增加一个 money 实例变量

2. learnstudent. money = 7540

3. print (learnstudent. money)

运行结果：

7540

可以看到，通过直接增加一个新的实例变量并为其赋值，就成功地为 learnstudent 对象添加了 money 变量。既然能动态添加，那么是否能动态删除呢？答案是肯定的，使用 del 语句即可实现，例如：

1. #删除新添加的 money 实例变量

2. del learnstudent. money

3. #再次尝试输出 money，此时会报错

4. print (learnstudent. money)

运行程序会发现，结果显示 AttributeError 错误。

# 6.5 Python self 介绍

### 6.5.1 本节重点

- 理解并掌握 Python self 的使用

### 6.5.2 self 介绍

在定义类的过程中，无论是显式创建类的构造方法，还是向类中添加实例方法，都要求将 self 参数作为方法的第一个参数。例如，定义一个 Person 类：

1. class Person:

2.     def _ _init_ _(self):

3.         print ("正在执行构造方法")

4.     # 定义一个 study()实例方法

5.     def study(self, name):

6.　　　　　print (name, "正在学习")

那么, self 到底扮演着什么样的角色呢? 本节就对 self 参数做详细的介绍。事实上, Python 只是规定, 无论是构造方法还是实例方法, 最少要包含一个参数, 并没有规定该参数的具体名称。之所以将其命名为 self, 只是程序员之间约定俗成的一种习惯, 遵守这个约定, 可以使我们编写的代码具有更好的可读性 (大家一看到 self, 就知道它的作用)。那么, self 参数的具体作用是什么呢? 打个比方, 如果把类比作造房子的图纸, 那么类实例化后的对象是真正可以住的房子。根据一张图纸 (类), 我们可以设计出成千上万的房子 (类对象), 每个房子的长相都是类似的 (都有相同的类变量和类方法), 但它们都有各自的主人, 那么如何对它们进行区分呢? 当然是通过 self 参数, 它就相当于每个房子的门钥匙, 可以保证每个房子的主人仅能进入自己的房子 (每个类对象只能调用自己的类变量和类方法)。其实, 如果读者接触过其他面向对象的编程语言 (例如 C++), 就会发现 Python 类方法中的 self 参数相当于 C++ 中的 this 指针。也就是说, 同一个类可以产生多个对象, 当某个对象调用类方法时, 该对象会把自身的引用作为第一个参数自动传给该方法, 换句话说, Python 会自动绑定类方法的第一个参数指向调用该方法的对象。如此, Python 解释器就能知道到底要操作哪个对象的方法了。因此, 程序在调用实例方法和构造方法时, 不需要手动为第一个参数传值。例如, 更改前面的 Person 类, 如下所示:

1. class Person:
2. 　　def _ _init_ _(self):
3. 　　　　print ("正在执行构造方法")
4. 　　def study(self):
5. 　　　　print (self, "正在学习")
6. maixi = Person()
7. maixi. study()
8. ming = Person()
9. ming. study()

上面代码中, study() 中的 self 代表该方法的调用者, 即谁调用该方法, 那么 self 就代表谁。因此, 该程序的运行结果为:

正在执行构造方法

<_ _main_ _. Person object at 0x02E6E580> 正在学习

正在执行构造方法

<_ _main_ _. Person object at 0x02F6C130> 正在学习

另外, 对于构造函数中的 self 参数, 其代表的是当前正在初始化的类对象。例如:

1. class Person:
2. 　　name = "yyy"

3.　　　def _ _init_ _(self, name):

4.　　　　self. name = name

5.

6. maixi = Person("maixi")

7. print (maixi. name)

8. mingming = Person("mingming")

9. print (mingming. name)

运行结果：

maixi

mingming

可以看到，maixi 在进行初始化时，调用的构造函数中 self 代表的是 maixi；而 mingming 在进行初始化时，调用的构造函数中 self 代表的是 mingming。

总之，无论是类中的构造函数还是普通的类方法，实际调用它们的是谁，则第一个参数 self 就代表谁。

# 6.6　类变量和实例变量

无论是类属性还是类方法，都无法像普通变量或者函数那样，在类的外部直接使用它们。我们可以将类看作一个独立的空间，类属性其实就是在类体中定义的变量，类方法是在类体中定义的函数。在类体中，根据变量定义的位置不同以及定义的方式不同，类属性又可细分为以下三种类型：

（1）类体中、所有函数之外：此范围定义的变量，称为类属性或类变量；

（2）类体中、所有函数内部：以"self. 变量名"的方式定义的变量，称为实例属性或实例变量；

（3）类体中、所有函数内部：以"变量名 = 变量值"的方式定义的变量，称为局部变量。

那么，类变量、实例变量以及局部变量之间有哪些不同呢？接下来就围绕此问题做详细的讲解。

### 6.6.1 本节重点

- 掌握类变量的定义和使用
- 掌握类实例变量的定义和使用
- 掌握类局部变量的定义和使用

### 6.6.2 类变量

类变量指的是在类中，但在各个类方法外定义的变量。例如：

```
1. class LearnHard:
2.      # 下面定义了2个类变量
3.      name = "GSJ 学生"
4.      add = "http://www.gdsfjy.cn"
5.      # 下面定义了一个 learn 实例方法
6.      def learn(self, content):
7.          print(content)
```

上面程序中，name 和 add 就属于类变量。类变量的特点是，所有类的实例化对象都共享类变量，也就是说，类变量在所有实例化对象中是作为公用资源存在的。类方法的调用方式有两种，既可以使用类名直接调用，也可以使用类的实例化对象调用。比如，在 LearnHard 类的外部，添加如下代码：

```
1. #使用类名直接调用
2. print(LearnHard.name)
3. print(LearnHard.add)
4. #修改类变量的值
5. LearnHard.name = "GDUT 学生"
6. LearnHard.add = "http://www.gdut.edu.cn"
7. print(LearnHard.name)
8. print(LearnHard.add)
```

运行结果：

GSJ 学生

http://www.gdsfjy.cn

GDUT 学生

http://www.gdut.edu.cn

可以看到，通过类名不仅可以调用类变量，也可以修改它的值。注意：因为类变量为所有实例化对象共有，因此通过类名修改类变量的值，会影响所有的实例化对象。

此外，除了可以通过类名访问类变量之外，还可以动态地为类和对象添加类变量。例如，在 LearnHard 类的基础上，添加以下代码：

```
1. maixi = LearnHard()
2. LearnHard.age = 3
3. print(maixi.age)
```

运行结果：

3

### 6.6.3 实例变量

实例变量指的是在任意类方法内部，以"self. 变量名"的方式定义的变量，其特点是只作用于调用方法的对象。另外，实例变量只能通过对象名访问，无法通过类名访问。例如：

1. class LearnHard:
2.     def _ _init_ _(self):
3.         self. name = "GSJ 学生"
4.         self. add = "http://www. gdsfjy. cn"
5.     # 下面定义了一个 say 实例方法
6.     def learn(self):
7.         self. age = 21

此 LearnHard 类中，name、add 以及 age 都是实例变量。其中，由于 _ _init_ _() 函数在创建类对象时会自动调用，而learn ()方法需要类对象手动调用。因此，LearnHard类的类对象都会包含 name 和 add 实例变量，而只有调用了 learn () 方法的类对象，才包含 age 实例变量。例如，在上面代码的基础上，添加如下语句：

1. maixi = LearnHard()
2. print (maixi. name)
3. print (maixi. add)
4. #print(maixi. age)       #这行代码会报错
5. mingming = LearnHard()
6. print (mingming. name)
7. print (mingming. add)
8. mingming. learn()       #只有调用 learn ()，才会拥有 age 实例变量
9. print (mingming. age)

由于 maixi 对象未调用 learn () 方法，因此其没有 age 变量，第 4 行代码会报错。

运行结果：

GSJ 学生

http://www. gdsfjy. cn

GSJ 学生

http://www. gdsfjy. cn

13

前面讲过，通过类对象可以访问类变量，但无法修改类变量的值。这是因为，通过类对象修改类变量的值，不是在给"类变量赋值"，而是定义新的实例变量。例如，

在 LearnHard 类体外，添加如下程序：

```
classLearnHard：
    def __init__(self)：
        self.name = "GSJ 学生"
        self.add = "http://www.gdsfjy.cn"
    def learn(self)：
        self.age = 13


maixi = LearnHard()
#maixi 访问类变量
print(maixi.name)
print(maixi.add)
maixi.name = "CuteGirl"
maixi.add = "loveroad No.245"
#maixi 实例变量的值
print(maixi.name)
print(maixi.add)
#类变量的值
print(LearnHard().name)
print(LearnHard().add)
```

运行结果：

GSJ 学生

http://www.gdsfjy.cn

CuteGirl

loveroad No.245

GSJ 学生

http://www.gdsfjy.cn

显然，通过类对象是无法修改类变量的值的，本质其实是给 maixi 对象新添加 name 和 add 这两个实例变量。类中，实例变量和类变量可以同名，但这种情况下使用类对象将无法调用类变量，它会首选实例变量，这也是不推荐"类变量使用对象名调用"的原因。

另外，和类变量不同，通过某个对象修改实例变量的值，不会影响类的其他实例化对象，更不会影响同名的类变量。

### 6.6.4 局部变量

除了实例变量，类方法中还可以定义局部变量。和前者不同，局部变量直接以"变量名=值"的方式进行定义，例如：

```
1. class Price :
2.     # 下面定义了一个 count 实例方法
3.     def count(self, money):
4.         Lowprice = 0.8 * money
5.         print("优惠后的价格为: ", Lowprice)
6. ming = Price()
7. ming.count(100)
```

通常情况下，定义局部变量是为了所在类方法功能的实现。需要注意的一点是，局部变量只能用于所在函数中，函数执行完成后，局部变量也会被销毁。

# 6.7  类方法介绍及使用

和类属性一样，类方法也可以进行更细致的划分，具体可分为类实例方法、类方法和类静态方法。

### 6.7.1 本节重点

- 掌握类实例方法的使用
- 掌握类方法的使用
- 掌握类静态方法的使用

### 6.7.2 类实例方法

通常情况下，在类中定义的方法默认都是实例方法。前面章节中，我们已经定义了不止一个实例方法。不仅如此，类的构造方法理论上也属于实例方法，只不过它比较特殊。比如，下面的类中就用到了实例方法：

```
1. class LearnHard:
2.     #类构造方法,也属于实例方法
3.     def __init__(self):
4.         self.name = "GSJ 学生"
5.         self.add = "http://www.gdsfjy.cn"
6.     # 下面定义了一个 learn 实例方法
```

```
7.    def learn(self):
8.        print("正在调用 learn() 实例方法")
```

实例方法最大的特点就是，它最少也要包含一个 self 参数，用于绑定调用此方法的实例对象（Python 会自动完成绑定）。实例方法通常会用类对象直接调用，例如：

```
1. maixi = LearnHard()
2. maixi. learn()
```

运行结果：

正在调用 learn() 实例方法

### 6.7.3 类方法

Python 类方法和实例方法相似，它最少也要包含一个参数，只不过类方法中通常将其命名为 cls，Python 会自动将类本身绑定给 cls 参数（注意，绑定的不是类对象）。也就是说，我们在调用类方法时，无需显示为 cls 参数传参。和 self 一样，cls 参数的命名也不是规定的（可以随意命名），只是 Python 程序员约定俗成的名称而已。和实例方法最大的不同在于，类方法需要使用@ classmethod 修饰符进行修饰，例如：

```
1. class LearnHard:
2.      #类构造方法,也属于实例方法
3.      def __init__(self):
4.          self. name = "GSJ 学生"
5.          self. add = "http://www. gdsfjy. cn"
6.      # 下面定义一个类方法
7.      @ classmethod
8.      def learn(cls):
9.          print("正在调用 类方法",cls)
```

注意如果没有@ classmethod，则 Python 解释器会将 fly() 方法认定为实例方法，而不是类方法。类方法推荐使用类名直接调用，当然也可以使用实例对象来调用（不推荐）。例如，在上面 LearnHard 类的基础上，在该类外部添加如下代码：

```
1.#使用类名直接调用类方法
2. LearnHard. learn ()
3.#使用类对象调用类方法
4. maixi = LearnHard ()
5. maixi. learn()
```

运行结果：

正在调用类方法 <class '__main__. LearnHard >

正在调用类方法 <class '__main__. LearnHard >

### 6.7.4 类静态方法

静态方法，其实就是我们学过的函数。和函数唯一的区别是，静态方法定义在类这个空间（类命名空间）中，而函数则定义在程序所在的空间（全局命名空间）中。静态方法没有类似 self、cls 这样的特殊参数，因此 Python 解释器不会对它包含的参数做任何类或对象的绑定。也正因为如此，类的静态方法中无法调用任何类属性和类方法。静态方法需要使用@ staticmethod 修饰，例如：

1. class Learnhard:

2.　　　@ staticmethod

3.　　　def learn(name, add):

4.　　　　　print (name, add)

静态方法的调用，既可以使用类名，也可以使用类对象，例如：

1. #使用类名直接调用静态方法

2. Learnhard. learn("GsjStu","龙腾路 245 号")

3. #使用类对象调用静态方法

4. maixi = Learnhard ( )

5. maixi. learn("CuteGirl","loveroad")

读者可以自行将代码在 IDE 中运行，看看结果是否如读者所预期。不过需要注意的是，在实际开发编写中，几乎不会用到类方法和静态方法，因为我们完全可以使用函数代替它们实现想要的功能。

# 6.8　封装原理

### 6.8.1 本节重点

- 理解并掌握面向对象封装机制

### 6.8.2 封装原理详解

不光是 Python，大多数面向对象编程语言（诸如 C++、Java 等）都具备三个典型特征，即封装、继承和多态。其中，本节重点讲解 Python 类的封装特性，继承和多态会在后续章节给大家做详细讲解。简单地理解封装（Encapsulation），即在设计类时，刻意将一些属性和方法隐藏在类的内部，这样在使用此类时，将无法直接以"类对象 . 属性名"（或者"类对象 . 方法名(参数) "）的形式调用这些属性（或方法），而只能用未隐藏的类方法间接操作这些隐藏的属性和方法。就好比使用电脑，我们只需要学会如何使用键盘和鼠标就可以了，不用关心内部是怎么实现的，因为那是生产和设计人员该操心的。注意：封装绝不是将类中所有的方法都隐藏起来，一定要留一些像键盘、鼠标这样可供外界使用的类方法，也称之为接口。

那么，类为什么要进行封装，这样做有什么好处呢？首先，封装机制保证了类内部数据结构的完整性，因为使用类的用户无法直接看到类中的数据结构，只能使用类允许公开的数据，很好地避免了外部对内部数据的影响，提高了程序的可维护性。除此之外，对一个类实现良好的封装，用户只能借助暴露出来的类方法来访问数据，我们只需要在这些暴露的方法中加入适当的控制逻辑，即可轻松实现用户对类中属性或方法的合理操作。并且，对类进行良好的封装，还可以提高代码的复用性。那么 Python 中的类到底是如何实现封装的呢？这一节，将给读者进行详细阐述。

和其他面向对象的编程语言（如 C++、Java）不同，Python 类中的变量和函数，不是公有的（类似 public 属性），就是私有的（类似 private 属性），这两种属性的区别如下：

（1）public：公有属性的类变量和类函数，在类的外部、类内部以及子类（后续讲继承特性时会做详细介绍）中，都可以正常访问；

（2）private：私有属性的类变量和类函数，只能在本类内部使用，类的外部以及子类都无法使用。

但是，Python 并没有提供 public、private 这些修饰符。为了实现类的封装，Python 采取了这样的方法：默认情况下，Python 类中的变量和方法都是公有（public）的，它们的名称前都没有下划线_；如果类中的变量和函数，其名称以双下划线_ _开头，则该变量（函数）为私有变量（私有函数），其属性等同于 private。注意，Python 类中还有以双下划线开头和结尾的类方法（例如类的构造函数_ _init_ _(self)），这些都是 Python 内部定义的，用于 Python 内部调用。我们自己定义类属性或者类方法时，不要使用这种格式。

例如，如下程序示范了 Python 的封装机制：

```python
classLearnHard:
    def setname(self, name):
        if len(name) < 3:
            raise ValueError('名称长度必须大于3!')
        self.__name = name

    def getname(self):
        return self.__name

    # 为 name 配置 setter 和 getter 方法
    name = property(getname, setname)
```

```
    def setadd(self, add):
        if add. startswith("Love"):
            self. _ _add = add
        else :
            raise ValueError('地址必须以 Love 开头')

    def getadd(self):
        return self. _ _add

    # 为 add 配置 setter 和 getter 方法
    add = property(getadd, setadd)

    # 定义个私有方法
    def _ _display(self):
        print(self. _ _name, self. _ _add)


maixi = LearnHard()
maixi. name = "CuteGirl"
maixi. add = "LoveRoad"
print(maixi. name)
print(maixi. add)
```

　　运行结果：

CuteGirl

LoveRoad

　　上面程序中，LearnHard 将 name 和 add 属性都隐藏了起来，但同时也提供了可操作它们的"窗口"，也就是各自的 setter 和 getter 方法，这些方法都是公有（public）的。不仅如此，以 add 属性的 setadd() 方法为例，通过在该方法内部添加控制逻辑，即通过调用 startswith() 方法，控制用户输入的地址必须以"Love"开头，否则程序将会执行 raise 语句抛出 ValueError 异常。有关 raise 的具体用法，下一学习单元会做详细讲解，这里可简单理解为，如果用户输入不规范，程序将会报错。通过此程序的运行逻辑不难看出，通过对 LearnHard 类进行良好的封装，使得用户仅能通过暴露的 setter() 和 getter() 方法操作 name 和 add 属性，而通过对 setname() 和 setadd() 方法进行适当的设计，可以避免用户对类中属性的不合理操作，从而提高了类的可维护性和安全性。细心的读者可能还发现，CLanguage 类中还有一个 _ _display( ) 方法，由于该类方法为私有（private）方法，且该类没有提供操作该私有方法的"窗口"，因此我们无法在类的外部使用它。换句话说，如下调用 _ _display( ) 方法是不可行的：

1. #尝试调用私有的 display( ) 方法

2. maixi. _ _display( )

这会导致以下错误：

Traceback（most recent call last）：

　　File "D: /PythonProject/LessonTeacher/Lesson18/test. py", line 67, in <module>

　　　　maixi. _ _display( )

AttributeError：'LearnHard' object has no attribute '_ _display'

# 6.9　继承机制

### 6.9.1 **本节重点**

- 理解并掌握面向对象继承机制

### 6.9.2 **继承机制详解**

Python 类的封装、继承、多态三大特性，上一节已经详细介绍了 Python 类的封装，本节讲解第二大特性，类的继承机制。继承机制经常用于创建和现有类功能类似的新类，又或是新类只需要在现有类基础上添加一些成员（属性和方法），但又不想直接将现有类代码复制给新类。也就是说，通过使用继承这种机制，可以轻松实现类的重复使用。

举个例子，假设现有一个 Appearance 类，该类的 paint（ ）方法可以在屏幕上画出指定的形状，现在需要创建一个 Improvement 类，要求此类不但可以在屏幕上画出指定的形状，还可以计算出所画形状的面积。要创建这样的类，笨方法是将 paint（ ）方法直接复制到新类中，并添加计算面积的方法。实现代码如下所示：

```
1. class Appearance:
2.     def paint(self, content):
3.         print ("画", content)
4. class Improvement:
5.     def paint (self, content):
6.         print ("画", content)
7.     def area(self):
8.         #. . . .
```

9.　　　print ("此图形的面积为 ...")

当然还有更简单的方法，就是使用类的继承机制。实现方法为：让 Improvement 类继承 Appearance 类，这样当 Improvement 类对象调用 paint () 方法时，Python 解释器会先去 Improvement 中找以 paint 为名的方法，如果找不到，它还会自动去 Appearance 类中找。如此，我们只需在 Improvement 类中添加计算面积的方法即可，如以下示例：

1. class Appearance:

2.　　　def paint (self, content):

3.　　　　　print ("画", content)

4. class Improvement (Appearance):

5.　　　def area(self):

6.　　　　　#....

7.　　　　　print ("此图形的面积为 ...")

上面代码中，class Improvement (Appearance) 就表示 Improvement 继承 Appearance。Python 中，实现继承的类称为子类，被继承的类称为父类（也可称为基类、超类）。因此在上面这个样例中，Improvement 是子类，Appearance 是父类。

子类继承父类时，只需要在定义子类时，同时将父类（可以是多个）放在子类之后的圆括号里即可。语法格式如下：

class 类名(父类 1, 父类 2, ... ):

　　#类定义部分

有心的读者也会发现，有时我们并没有显示指定继承自哪个类，这个时候书写的类，则默认继承 object 类。何谓 object 类？其是 Python 中所有类的父类，另外，Python 的继承是多继承机制，即一个子类可以同时拥有多个直接父类。有读者可能还听说过"派生"这个词汇，它和继承是一个意思，只是观察角度不同而已。换句话说，继承是相对子类来说的，即子类继承自父类；而派生是相对于父类来说的，即父类派生出子类。了解了继承机制的含义和语法之后，我们可以看看以下示例：

```
classHuman:
    def Tell(self):
        print("我是一个人,名字是:", self. name)
class Animal:
    def view(self):
        print("人也是高级动物")
#同时继承 Human 和 Animal 类
#其同时拥有 name 属性、Tell () 和 view () 方法
class Person(Human, Animal):
    pass
```

```
maixi = Person()
maixi. name = "CuteGirl"
maixi. Tell()
maixi. view()
```

运行结果:

我是一个人, 名字是: CuteGirl

人也是高级动物

可以看到, 虽然 Person 类为空类, 但由于其继承自 Human 和 Animal 这两个类, 因此实际上 Person 并不空, 它同时拥有这两个类所有的属性和方法。是的, 子类拥有父类所有的属性和方法, 即便该属性或方法是私有 (private) 的。

事实上, 大部分面向对象的编程语言, 都只支持单继承, 即子类有且只能有一个父类。而 Python 和 C++类似, 都支持多继承。为何那么多编程语言都支持单继承呢? 是因为多继承容易让代码逻辑复杂、思路混乱, 一直备受争议, 尤其在一些中小型项目中都需要谨慎使用。随着编程语言的发展, Java、C#、PHP 等干脆取消了多继承。

使用多继承经常需要面临的一个主要问题——多个父类中包含同名的类方法。对于这种情况, Python 的处置措施是: 根据子类继承多个父类时这些父类的前后次序决定, 即排在前面父类中的类方法会覆盖排在后面父类中的同名类方法。例如:

```
classHuman:
    def __init__(self):
        self. name = Human
    def Tell(self):
        print("Human 类", self. name)


class Animal:
    def __init__(self):
        self. name = Animal
    def Tell(self):
        print("Animal 类", self. name)
#Human name 属性和 Tell() 会遮蔽 Animal 类中的
class Person(Human, Animal):
    pass


maixi = Person()
maixi. name = "CuteGirl"
maixi. Tell()
```

运行结果：

Human 类 CuteGirl

可以看到，当 Person 同时继承 Human 类和 Animal 类时，Human 类在前，因此，如果 Human 和 Animal 拥有同名的类方法，实际调用的是 Human 类中的。值得注意的是，因为 Python 语言比较灵活，其在语法上的确支持多继承，但除了逼不得已，建议大家不要使用多继承。

# 6.10　父类方法重写

### 6.10.1 本节重点

- 掌握在子类中重写父类方法

### 6.10.2 重写父类方法

前面讲过在 Python 中，子类继承了父类，那么子类就拥有了父类所有的类属性和类方法。一般我们在完成继承以后，子类会在此基础上，书写一些新的类属性和类方法。但有时候我们可能会遇到这样一种情况：即子类从父类继承得来的类方法中，大部分是适合子类使用的，但也有一些方法并不能直接照搬父类的，需要对这部分类方法进行修改，否则子类对象无法使用。此时，我们可以在子类中重复父类的方法，只不过需要重写一下。例如，像下面这样定义鸟类：

```
classBird:
    #鸟有翅膀
    def isWing(self):
        print("鸟有翅膀")
    #鸟会飞
    def fly(self):
        print("鸟会飞")
```

但是，对于鸭子来说，它虽然也属于鸟纲类，也有翅膀，但是它只会行走或者奔跑，并不会飞。对此，可以这样定义鸭子类：

```
class Duck(Bird):
    # 重写 Bird 类的 fly() 方法
    def fly(self):
        print("鸭子虽然属于鸟,但它不会飞")
```

可以看到，因为 Duck 继承自 Bird，因此 Duck 类拥有 Bird 类的 isWing() 和 fly() 方法。其中，isWing() 方法同样适合 Duck，但 fly() 明显不适合，因此我们在 Duck 类中对 fly() 方法进行重写。

在上面两段代码的基础上，添加如下代码并运行：

```python
classBird:
    #鸟有翅膀
    def isWing(self):
        print("鸟有翅膀")
    #鸟会飞
    def fly(self):
        print("鸟会飞")
class Duck(Bird):
    # 重写 Bird 类的 fly()方法
    def fly(self):
        print("鸭子虽然属于鸟,但它不会飞")


# 创建 Duck 对象
Duck = Duck()
#调用 Duck 类中重写的 fly() 类方法
Duck.fly()
```

运行结果：

鸭子虽然属于鸟，但它不会飞

显然，Duck 调用的是重写之后的 fly() 类方法。事实上，如果我们在子类中重写了从父类继承来的类方法，那么当在类的外部通过子类对象调用该方法时，Python 总是会执行子类中重写的方法。此时就有一个新的问题，即如果我们就是想调用父类中这个被重写的方法呢，应该如何处理？很简单，类方法其实就是类这个独立空间中的一个函数。而如果想要在全局空间中，调用类空间中的函数，只需要在调用该函数时备注类名即可。同样以上面代码为例：

```python
class Bird:
    #鸟有翅膀
    def isWing(self):
        print("鸟有翅膀")
    #鸟会飞
    def fly(self):
        print("鸟会飞")
class Duck(Bird):
    # 重写 Bird 类的 fly()方法
```

```
        def fly(self):
            print("鸭子虽然属于鸟,但它不会飞")
```

```
    #创建 Duck 对象
Duck = Duck()
    #调用 Duck 类中重写的 fly() 类方法
Bird.fly(Duck)
```

运行结果:

鸟会飞

此程序中,读者关注最后一行代码,使用类名调用其类方法,Python 不会为该方法的第一个 self 参数自定绑定值。采用这种调用方法,需要手动为 self 参数赋值,此时,我们给的是 Duck。

# 6.11 调用父类构造方法

### 6.11.1 本节重点

- 掌握调用父类构造方法

### 6.11.2 调用父类构造方法

上节我们知道,子类会继承父类所有的类属性和类方法。因此父类的构造方法同样会被继承。如果子类继承的多个父类中包含同名的类实例方法,则子类对象在调用该方法时,会优先选择排在最前面的父类中的实例方法。显然,构造方法也是如此。例如:

```
class Human:
    def __init__(self, name):
        self.name = name
    def Tell(self):
        print("很明显,我是人类,名字为:", self.name)
```

```
class Animal:
    def __init__(self, food):
        self.food = food
    def view(self):
        print("很明显,我是动物,我吃", self.food)
```

199

```
#People 中的 name 属性和 Tell() 会遮蔽 Animal 类中的
class Person(Human, Animal):
    pass


per01 = Person("mingming")
per01.Tell()
#per01.view()
```

运行结果：

我是人，名字为：mingming

上面程序中，Person 类同时继承 Human 和 Animal，其中 Human 在前。这意味着，在创建 per01 对象时，其将会调用从 Human 继承来的构造函数。因此我们看到，上面程序在创建 per01 对象的同时，还要给 name 属性进行赋值。但如果去掉最后一行的注释，让其运行 per.view()这行代码，Python 解释器会报错，如下：

```
Traceback (most recent call last):
    File "D:/PythonProject/LessonTeacher/Lesson18/test.py", line 121, in <module>
        per.view()
    File "D:/PythonProject/LessonTeacher/Lesson18/test.py", line 114, in view
        print("很明显,我是动物,我吃", self.food)
AttributeError: 'Person' object has no attribute 'food'
```

这是因为，从 Animal 类中继承的 view() 方法，需要用到 food 属性的值，但由于 Human 类的构造方法"遮蔽"了 Animal 类的构造方法，使得在创建 per01 对象时，Animal 类的构造方法未得到执行，所以程序出错。

针对这种情况，正确的做法是定义 Person 类自己的构造方法，也可以说成是重写第一个直接父类的构造方法。但需要注意，如果在子类中定义构造方法，则必须在该方法中调用父类的构造方法，在子类的构造方法中，调用父类构造方法的方式可以使用 super() 函数。super() 函数的语法格式如下：

```
super().__init__(self,...)
```

以上面程序为例,修改部分代码:

```
class Human:
    def __init__(self, name):
        self.name = name
    def Tell(self):
        print("我是人,名字为:", self.name)
class Animal:
    def __init__(self, food):
```

```
        self. food = food
    def view(self):
        print("我是动物,我吃", self. food)
class Person(Human, Animal):
    #自定义构造方法
    def _ _init_ _(self, name, food):
        #调用 Human 类的构造方法
        super(). _ _init_ _(name)
        #super(Person, self). _ _init_ _(name) #执行效果和上一行相同
        #Human. _ _init_ _(self, name)#使用未绑定方法调用 Human 类构造方法
        #调用其他父类的构造方法,需手动给 self 传值
        Animal. _ _init_ _(self, food)
per02 = Person("金毛", "熟食")
per02. Tell()
per02. view()
```

运行结果:

我是人，名字为：金毛

我是动物，我吃熟食

可以看到，Person 类自定义的构造方法中，调用 Human 类构造方法，可以使用 super() 函数，也可以使用未绑定方法。但是调用 Animal 类的构造方法，只能使用未绑定方法。

# 6.12　多态机制

### 6.12.1 本节重点

● 理解并掌握面向对象多态机制

### 6.12.2 多态机制详解

在面向对象程序设计中，除了封装和继承特性外，还有一个重要的特性：多态。关于多态的特性本节会做详细阐述。相信学到这个单元，读者明白 Python 语言有一个最明显的特征，就是在使用变量时，无需为其指定具体的数据类型，所以 Python 也被称为弱类型语言。但这会导致一种新情况，即同一变量可能会被先后赋值为不同的类对象，例如：

```
class Coding_Language:
    def tell(self):
        print("赋值的是 Coding_Language 类的实例对象")
class Coding_Python:
    def tell(self):
        print("赋值的是 Coding_Python 类的实例对象")
test = Coding_Language()
test.tell()

test = Coding_Python()
test.tell()
```

运行结果：

赋值的是 Coding_Language 类的实例对象

赋值的是 Coding_Python 类的实例对象

可以看到，test 可以被先后赋值为 Coding_Language 类和 Coding_Python 类的对象，这似乎有点多态特性的味道，但需要郑重告诉读者，这并不是多态。类的多态一定是发生在子类和父类之间，并且需要子类重写父类的方法。继续改写上面的代码：

```
class Coding_Language:
    def tell(self):
        print("赋值的是 Coding_Language 类的实例对象")
class Coding_Python:
    def tell(self):
        print("赋值的是 Coding_Python 类的实例对象")
class Coding_Cplusplus(Coding_Language):
    def tell(self):
        print("调用的是 Coding_Cplusplus 类的 tell 方法")
test = Coding_Language()
test.tell()

test = Coding_Python()
test.tell()

test = Coding_Cplusplus()
test.tell()
```

运行结果：

赋值的是 Coding_Language 类的实例对象

赋值的是 Coding_Python 类的实例对象

调用的是 Coding_Cplusplus 类的 tell 方法

可以看到，Coding_Python 和 Coding_Cplusplus 都继承自 Coding_Language 类，且各自都重写了父类的 tell（）方法。从运行结果可以看出，同一变量 test 在执行同一个 tell（）方法时，由于 test 实际表示不同的类实例对象，因此 test. tell（）调用的并不是同一个类中的 tell（）方法，这就是多态。但是，读者仅仅学到这个程度，显然还无法领略 Python 类使用多态特性的精髓。先看以下代码：

```python
class Whichtell:
    def tell(self, which):
        which. tell()
class Coding_Language:
    def tell(self):
        print("赋值的是 Coding_Language 类的实例对象")
class Coding_Python:
    def tell(self):
        print("赋值的是 Coding_Python 类的实例对象")
class Coding_Cplusplus(Coding_Language):
    def tell(self):
        print("调用的是 Coding_Cplusplus 类的 tell 方法")
test = Whichtell()
#调用 Coding_Language 类的 tell() 方法
test. tell(Coding_Language())
#调用 Coding_Python 类的 tell() 方法
test. tell(Coding_Python())
#调用 Coding_Cplusplus 类的 tell() 方法
test. tell(Coding_Cplusplus())
```

运行结果：

赋值的是 Coding_Language 类的实例对象

赋值的是 Coding_Python 类的实例对象

调用的是 Coding_Cplusplus 类的 tell 方法

可以看到，其实，Python 在多态的基础上，衍生出了一种更灵活的编程机制。上面代码中，通过给 Whichtell 类中的 tell（）函数添加一个 which 参数，其内部利用传入的 which 调用 tell（）方法。这意味着，当调用 Whichtell 类中的 tell（）方法时，我们传给 which 参数的是哪个类的实例对象，它就会调用那个类中的 tell（）方法。是不是很神奇？这种新的编程模型，非常灵活，读者可以多加练习。

## 6.13　单元总结

学习单元 6 中我们系统地学习了类和对象。类是什么？对象是什么？简单来说，类是用来描述具有相同的属性和方法的对象的集合。它定义了该集合中每个对象所共有的属性和方法。对象是类的实例。对象也可以看出属性（静态）+方法（动态），属性一般是一个个变量，方法是一个个函数。同时，我们也学习了面向对象的三大特性，即封装、继承和多态。

# 单元练习

一、判断题

1. 面向对象程序语言的三个基本特征是：封装、继承与多态。（　　　）

2. 构造器方法 _ _init_ _() 是 Python 语言的构造函数。（　　　）

3. 解构器方法 _ _del_ _() 是 Python 语言的析构函数。（　　　）

4. 在 Python 语言的面向对象程序中，属性有两种，类属性和实例属性，它们分别通过类和实例访问。（　　　）

5. 使用实例或类名访问类的数据属性时，结果不一样。（　　　）

6. 在 Python 语言中，运算符是可以重载的。（　　　）

7. 在 Python 语言中，函数重载只考虑参数不同的情况。（　　　）

8. 在 Python 语言中，子类中的同名方法将自动覆盖父类的同名方法。（　　　）

9. 用户自己可以定义的构造器方法 _ _init_ _()，它将取代系统自动定义的构造器方法 _ _init_ _()。（　　　）

10. 在 Python 语言中，类定义的函数会有一个名为 self 的参数，调用函数时，不传实参给 self，所以，调用函数的实参个数比函数的形参个数少 1 个。（　　　）

二、编程题

1. 定义一个学生类 student，类中有两个数据属性和两个函数（功能自定）；定义一个研究生类 graduate_student，它是从 student 类继承，graduate_student 类可有自己的数据属性和函数。主程序通过访问两个类中的数据属性和函数表达继承特征。

2. 编写 Python 程序，模拟简单的计算器。定义名为 Number 的类，其中有两个整型数据成员 n1 和 n2，应声明为私有。编写 _ _init_ _方法，外部接收 n1 和 n2，再为该类定义加（addition）、减（subtraction）、乘（multiplication）、除（division）等成员方法，分别对两个成员变量执行加、减、乘、除的运算。创建 Number 类的对象，调用各个方法，并显示计算结果。

学习单元 7

# 异常处理

程序运行时常会碰到一些错误，例如除数为 0、年龄为负数、数组下标越界等，这些错误如果不能被发现并加以处理，很可能会导致程序崩溃。和 C++、Java 这些编程语言一样，Python 也提供了处理异常的机制，可以让我们捕获并处理这些错误，让程序继续沿着一条不会出错的路径执行。可以简单地理解异常处理机制，就是在程序运行出现错误时，让 Python 解释器执行事先准备好的除错程序，进而尝试恢复程序的执行。

## 7.1  什么是异常处理

### 7.1.1 本节重点

- 理解 Python 异常处理机制

### 7.1.2 异常处理介绍

我们在编写程序时，肯定会遇到错误，毕竟人不是完人。对于这些错误，有的是因为疏忽造成的语法错误，有的是书写的程序内部隐含逻辑问题而造成的数据错误等。总体而言，编写程序时遇到的错误可大致分为两种，分别为语法错误和运行时错误。

（1）语法错误。语法错误也就是解析代码时出现的错误。当代码不符合 Python 语法规则时，Python 解释器在解析时就会报出 SyntaxError 语法错误，与此同时还会明确指出程序运行过程中，第一次探测到的错误语句。例如：

print "Hello，GSJ！"

我们知道，这种写法是 Python 2 的语法规则，但 Python 3 已不再支持上面这种写法，所以在运行时，解释器会报如下错误：

File "D:/PythonProject/LessonTeacher/Lesson18/test. py", line 187
    print "Hello, GSJ! "

SyntaxError: Missing parentheses in call to 'print'. Did you mean print ("Hello, GSJ! ")?

语法错误大多是程序编写人员疏忽导致的，属于解释器无法容忍的真正意义上的错误。只有将程序中的所有语法错误全部纠正，这个程序才可以继续执行。

（2）运行时错误。运行时错误即程序在语法上都是正确的，但在运行时发生了错误。例如：

num = 100/0

上面这句代码的意思是"用 100 除以 0，并赋值给 num"。因为 0 作除数是没有意义的，所以运行后会产生如下错误：

Traceback (most recent call last):

    File "D:/PythonProject/LessonTeacher/Lesson18/test. py", line 188, in <module>

      num = 100/0

ZeroDivisionError: division by zero

以上运行输出结果中，前两段指明了错误的位置，最后一句表示出错的类型。在 Python 中，把这种运行时产生错误的情况叫作异常（Exceptions）。这种异常情况还有很多，常见的几种异常情况如表 7-1 所示。

表 7-1　Python 常见异常类型

| 异常名称 | 描述 |
|---|---|
| BaseException | 所有异常的基类 |
| SystemExit | 解释器请求退出 |
| KeyboardInterrupt | 用户中断执行(通常是输入^C) |
| Exception | 常规错误的基类 |
| StopIteration | 迭代器没有更多的值 |
| GeneratorExit | 生成器(generator) 发生异常来通知退出 |
| StandardError | 所有的内建标准异常的基类 |
| ArithmeticError | 所有数值计算错误的基类 |
| FloatingPointError | 浮点计算错误 |
| OverflowError | 数值运算超出最大限制 |
| ZeroDivisionError | 除(或取模) 零 (所有数据类型) |
| AssertionError | 断言语句失败 |

续表

| 异常名称 | 描述 |
| --- | --- |
| AttributeError | 对象没有这个属性 |
| EOFError | 没有内建输入，到达 EOF 标记 |
| EnvironmentError | 操作系统错误的基类 |
| IOError | 输入/输出操作失败 |
| OSError | 操作系统错误 |
| WindowsError | 系统调用失败 |
| ImportError | 导入模块/对象失败 |
| LookupError | 无效数据查询的基类 |
| IndexError | 序列中没有此索引（index） |
| KeyError | 映射中没有这个键 |
| MemoryError | 内存溢出错误（对于 Python 解释器不是致命的） |
| NameError | 未声明/初始化对象（没有属性） |
| UnboundLocalError | 访问未初始化的本地变量 |
| ReferenceError | 弱引用（Weak reference）试图访问已经垃圾回收了的对象 |
| RuntimeError | 一般的运行时错误 |
| NotImplementedError | 尚未实现的方法 |
| SyntaxError | Python 语法错误 |
| IndentationError | 缩进错误 |
| TabError | Tab 和空格混用 |
| SystemError | 一般的解释器系统错误 |
| TypeError | 对类型无效的操作 |
| ValueError | 传入无效的参数 |
| UnicodeError | Unicode 相关的错误 |
| UnicodeDecodeError | Unicode 解码时的错误 |
| UnicodeEncodeError | Unicode 编码时错误 |
| UnicodeTranslateError | Unicode 转换时错误 |
| Warning | 警告的基类 |
| DeprecationWarning | 关于被弃用的特征的警告 |

续表

| 异常名称 | 描述 |
|---|---|
| FutureWarning | 关于构造将来语义会有改变的警告 |
| OverflowWarning | 旧的关于自动提升为长整型(long) 的警告 |
| PendingDeprecationWarning | 关于特性将会被废弃的警告 |
| RuntimeWarning | 可疑的运行时行为(runtime behavior) 的警告 |
| SyntaxWarning | 可疑的语法的警告 |
| UserWarning | 用户代码生成的警告 |

注意：表中的异常类型不需要记住，只需简单了解即可。当一个程序发生异常时，代表该程序在执行时出现了非正常的情况，无法再执行下去。默认情况下，程序是要终止的。如果要避免程序退出，可以使用捕获异常的方式获取这个异常的名称，再通过其他的逻辑代码让程序继续运行，这种根据异常做出的逻辑处理就称为异常处理。程序编写人员可以使用异常处理全面地控制自己的程序。异常处理不仅仅能够管理正常的流程运行，还能够在程序出错时对程序进行必要的处理，大大提高了程序的健壮性和人机交互的友好性。那么，应该如何捕获和处理异常呢？可以使用 try 语句来实现。有关 try 语句的语法和用法，会在下面章节继续讲解。

# 7.2　try except 异常处理

### 7.2.1 本节重点

- 理解并掌握 try except 语句的使用

### 7.2.2 try except 语句详解

Python 中，用 try except 语句块捕获并处理异常，其基本语法结构如下：
try:
　　可能产生异常的代码块
except [ (Error1, Error2, . . . ) [as e] ]:
　　处理异常的代码块 1
except [ (Error3, Error4, . . . ) [as e] ]:
　　处理异常的代码块 2
except 　[Exception]:
　　处理其他异常

该格式中，[ ]括起来的部分可以使用，也可以省略。其中各部分的含义如下：
①（Error1…ErrorN）：其中，Error1、Error2、Error3 和 Error4 都是具体的异常类型。显然，一个 except 块可以同时处理多种异常。②［as e］：作为可选参数，表示给异常类型起一个别名 e，这样做的好处是方便在 except 块中调用异常类型（后续会用到）。③［Exception］：作为可选参数，可以代指程序可能发生的所有异常情况，其通常用在最后一个 except 块。

从 try except 的基本语法格式可以看出，try 块有且仅有一个，但 except 代码块可以有多个，且每个 except 块都可以同时处理多种异常。try except 语句的执行流程如下：①捕获异常：执行 try 中的代码块，如果执行过程中出现异常，系统会自动生成一个异常类型，并将该异常提交给 Python 解释器。②处理异常：当 Python 解释器收到异常对象时，会寻找能处理该异常对象的 except 块，如果找到合适的 except 块，则把该异常对象交给该 except 块处理。③如果 Python 解释器找不到处理异常的 except 块，则程序运行终止，Python 解释器也将退出。

大家可以看一下下面的例子：

```
try:
    a = int(input("输入一个数,作为被除数:"))
    b = int(input("输入一个数,作为除数:"))
    c = a / b
    print("您输入的两个数相除的结果是:", c)
except (ValueError, ArithmeticError):
    print("程序发生了数字格式的异常类型---算术异常之一")
except :
    print("不清楚的异常类型")
print("程序继续运行")
```

运行结果：

输入一个数,作为被除数:3

输入一个数,作为除数:0

程序发生了数字格式的异常类型---算术异常之一

程序继续运行

上面程序中，except 语句 1 使用了（ValueError，ArithmeticError）来指定所捕获的异常类型，这就表明该 except 块可以同时捕获这两种类型的异常。except 语句 2，并未指定具体要捕获的异常类型，这种省略异常类的 except 语句也是合法的，它表示可捕获所有类型的异常，一般会作为异常捕获的最后一个 except 块。对照程序运行结果，可以看到，因为 try 块中引发了异常，并被 except 块成功捕获，所以程序才有了"程序继续运行"的输出结果。

# 7.3 try except else 异常处理

### 7.3.1 **本节重点**

- 理解并掌握 try except else 语句的使用

### 7.3.2 try except else **语句详解**

在上述 try except 语句的基础上，如果再添加一个 else 块，就为 try except else 结构。当 try 块没有捕获到任何异常时，else 模块内的内容才会得到执行；如果 try 块捕获到异常，同时相应的 except 模块处理完异常，else 块中的代码也不会得到执行。如下面例子：

```
try:
    output = 100 / int(input('请输入除数:'))
    print(output)
except ValueError:
    print('亲,必须输入整数')
except ArithmeticError:
    print('亲,这是个算术错误,除数不能为 0')
else:
    print('很好,没有出现异常')
print("程序可以继续执行啦")
```

可以看到，在原有 try except 的基础上，我们为其添加了 else 块。现在运行上述代码：

```
运行结果 1：
请输入除数：0
亲，这是个算术错误，除数不能为 0
程序可以继续执行啦
运行结果 2：
请输入除数：20
5.0
很好，没有出现异常
程序可以继续执行啦
```

如上运行结果 2 所示，当我们输入正确的数据时，try 块中的程序正常执行，Python 解释器执行完 try 块中的程序之后，会继续执行 else 块中的程序，继而执行后续的程序。读者可能会问，我们知道 Python 解释器是会按照顺序依次执行代码，那么 else 块存在的意义是什么？直接将 else 块中的代码编写在 try except 块的后面，不是一样吗？当然不一样，现在再次执行上面的代码：

运行结果 3：

请输入除数：4.3

亲，必须输入整数

程序可以继续执行啦

从运行结果 3 可以看到，如果进行非法输入时，程序会发生异常并被 try 捕获，调用相应的 except 块处理异常。当异常处理完毕之后，Python 解释器会跳过 else，去执行后续的代码。也就是说，else 的功能，只有当 try 块捕获到异常时才能显现出来。在这种情况下，else 块中的代码不会得到执行的机会。而如果我们直接把 else 块去掉，将其中的代码编写到 try except 的后面会出现不一样的情况，例如下面为修改代码后的结果：

```
try:
    output = 100 / int(input('请输入除数:'))
    print(output)
except ValueError:
    print('亲,必须输入整数')
except ArithmeticError:
    print('亲,这是个算术错误,除数不能为 0')
    print('很好,没有出现异常')
print("程序可以继续执行啦")
```

运行结果 4：

请输入除数：x

亲，必须输入整数

很好，没有出现异常

程序可以继续执行啦

从运行结果 4 可以看出，如果程序不使用 else 块，try 块捕获到异常，同时被 except 模块成功处理，后续所有程序都会依次被执行。

## 7.4　资源回收

### 7.4.1 本节重点

- 理解资源回收的机制

### 7.4.2 资源回收原理

Python 异常处理机制有一个 finally 语句，该语句是用来为 try 块中的程序做最后扫尾工作的，也即可以实现垃圾回收机制。不过该语句和上一节的 else 语句还是有区别的，else 必须和 try except 搭配使用，但 finally 只要求和 try 搭配使用，它并不关心程序中是否包含 except 以及 else 语句。这里值得提醒的是，垃圾回收并不是一定要使用 finally 语句，只不过使用 finally 块是比较好的选择之一。如以下示例：

```
try:
    output = int(input("请输入 a 的值:"))
    print(20/output)
except:
    print("发生异常情况 1!")
else:
    print("尝试执行 else 块中的代码")
finally:
    print("尝试执行 finally 块中的代码")
    运行结果 1:
    请输入 a 的值: 2
    10.0
    尝试执行 else 块中的代码
    尝试执行 finally 块中的代码
```

从运行结果 1 可以看到，当 try 块中代码发生异常时，except 块不会执行，else 块和 finally 块中的代码一定会被执行。

运行结果 2:

请输入 a 的值: x

发生异常情况 1!

尝试执行 finally 块中的代码

从运行结果 2 可以看到，当 try 块中代码发生异常时，except 块得到执行，而 else 块中的代码将不执行，finally 块中的代码仍然会被执行。

finally 语句的强大之处还在于即便发生了异常，并且该异常没有被捕获到，finally 语句依然可以运行。将上面例子中注释部分代码再运行：

```
try:
    output = int(input("请输入 a 的值:"))
    print(20/output)
# except:
```

```
#       print("发生异常情况 1!")
# else:
#       print("尝试执行 else 块中的代码")
finally :
        print("尝试执行 finally 块中的代码")
```

运行结果:

请输入 a 的值:0

Traceback (most recent call last):

　　File "D:/PythonProject/LessonTeacher/Lesson18/test.py", line 214, in <module>

　　　print(20/output)

ZeroDivisionError: division by zero

尝试执行 finally 块中的代码

可以看到,当 try 块中代码发生异常,导致程序崩溃时,在崩溃前 Python 解释器会执行 finally 块中的代码。

# 7.5　raise 语句介绍

### 7.5.1 本节重点

- 掌握 raise 语句的使用

### 7.5.2 raise 语句详解

Python 除了前几节的异常处理方式,还允许在程序中手动设置异常,这个功能可以使用 raise 语句实现。使用手动引发异常有时候是为了更好地处理程序逻辑,这种异常是程序正常运行的结果。raise 语句的基本语法格式如下:

raise [exceptionName [(reason)]]

其中,用 [] 括起来的为可选参数,其作用是指定抛出的异常名称,以及异常信息的相关描述。如果可选参数全部省略,则 raise 会把当前错误原样抛出;如果仅省略(reason),则在抛出异常时,将不附带任何的异常描述信息。如图 7-1 所示,raise 语句有三种用法:

(1) 单独一个 raise 语句,该语句引发当前上下文中捕获的异常(比如在 except 块中),或默认引发 RuntimeError 异常。

(2) raise 后带一个异常类名称,表示引发执行类型的异常。

(3) raise 后带一个异常类名称并加上描述信息,在引发指定类型的异常的同时,附带异常的描述信息。

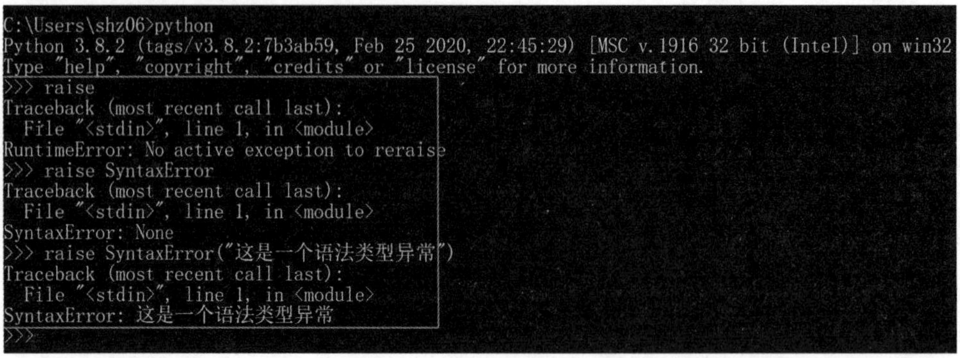

**图 7-1　三种 raise 用法**

如以下示例：

```
try:
    output = input("输入一个数: ")
    #判断键盘输入的是否为数字
    if (not output. isdigit( )):
        raise ValueError("亲, output 必须是数字")
except ValueError as f:
    print("引发异常: ", repr(f))
    运行结果 1:
    输入一个数: 21
    运行结果 2:
    输入一个数: x
    引发异常: ValueError('亲, output 必须是数字')
```

分析上面的程序运行结果 1 和 2 可以看到，当用户输入的是数字时，程序执行一切正常；当键盘输入的不是数字时，程序会进入 if 判断语句，同时执行 raise 语句，其引发 ValueError 异常。该异常抛出的时候会被 try 捕获，交给 except 块进行处理。换句话说，尽管使用了 raise 语句诱发了异常，但程序的执行逻辑依然是正常的，总之，手动抛出的异常并不会导致程序崩溃。

# 7.6　单元总结

面对 Python 程序在运行中出现的异常和错误，Python 提供了异常处理机制应对，学习单元 7 详细讨论了这种异常处理机制，学习了 try except 、raise 等语句的用法。

# 单元练习

一、填空题

1. _____是程序的执行过程中用来解决错误、避免直接终止程序运行的手段。

2. Python 内建异常类的基类是_____。

3. Python 提供了一些异常类，所有异常都是_____类的成员。

4. 产生 ZeroDivisionError 异常的原因是_____。

5. 异常处理程序将可能发生异常的语句放在_____语句中，紧跟其后可繁殖若干个对应_____语句。如果引发异常，则系统依次检查_____语句，试图找到与所发生异常相匹配的_____。

6. 在 Python 中，如果异常未被处理或捕捉，程序就会用_____错误信息阻止程序的执行。

7. _____语句用于程序员编写的应用程序中，由应用程序自己引发异常。

8. try-except 结构中，能够执行 except 对应语句块的情形是_____。

9. 异常的检测与处理是用 try 语句实现的，采用 try…except…finally 形式下，_____子句下面是被检测的语句块，_____子句下面是异常处理的语句块，_____子句下面是无论异常是否发生都要执行的语句块。

10. 当用户依次输入：12、0，下列代码输出结果是_____。

```
try:
a＝int(input(" 输入被除数 :"))
b＝int(input(" 输入除数 :"))
c＝a/b
except:
print(" 输入有误 ")
else:
print(c)
```

二、编程题

1. 定义一个异常类，继承 Exception 类，捕获下面的过程：判断 raw_input( ) 输入的字符串长度是否小于 5，如果小于 5，比如输入长度为 3 则输出:" The input is of length 3，expecting at least 5',大于 5 输出"print success' 。

2. 设计一个函数 input_dig( ) 代替 input( ) 函数，要求 input_dig( ) 函数只接收数字串，处理使用 input( ) 函数可能产生的所有异常，直到接收到符合要求的数字串。提示：大约有三种情况需要处理：用户按下了 Esc 键、没有键入就按下 Enter 键、输入的串包含非数字。

# 模块和包

Python 提供了强大的模块支持，主要体现在，不仅 Python 标准库中包含了大量的模块（称为标准模块），还有大量的第三方模块，开发者自己也可以开发自定义模块。通过这些强大的模块可以极大地提高开发者的开发效率。那么，模块到底指的是什么呢？模块，英文为 Modules，至于模块到底是什么，可以用一句话总结：模块就是Python 程序。换句话说，任何 Python 程序都可以作为模块，包括在前面章节中写的所有 Python 程序，都可以作为模块。模块可以比作一盒积木，通过它可以拼出多种主题的玩具，这与前面介绍的函数不同，一个函数仅相当于一块积木，而一个模块（.py 文件）中可以包含多个函数，也就是很多积木。

## 8.1　什么是模块

### 8.1.1 本节重点

- 理解模块概念

### 8.1.2 模块

在计算机程序的开发过程中，随着程序代码越写越多，在一个文件里代码就会越来越长，越来越不容易维护。为了编写可维护的代码，我们把很多函数分组，分别放到不同的文件里，这样，每个文件包含的代码就相对较少，很多编程语言都采用这种组织代码的方式。在 Python 中，一个 .py 文件就称之为一个模块（Module）。那么使用模块有什么好处？最大的好处是大大提高了代码的可维护性。其次，编写代码不必从零开始。当一个模块编写完毕，就可以被其他地方引用。我们在编写程序的时候，也经常引用其他模块，包括 Python 内置的模块和来自第三方的模块。这样我们就可以将模块分为三种：①python 标准库；②第三方模块；③应用程序自定义模块。

另外，使用模块还可以避免函数名和变量名冲突。相同名字的函数和变量完全可以分别存在不同的模块中，因此，我们自己在编写模块时，不必考虑名字会与其他模块冲突。但是也要注意，尽量不要与内置函数名字冲突。

## 8.2 导入模块

### 8.2.1 本节重点

- 掌握 import 语句的使用
- 掌握 from…import 语句的使用

### 8.2.2 import 语句

import 语句语法格式如下：

import    module1[, module2[, … moduleN]

当我们使用 import 语句的时候，Python 解释器是怎样找到对应的文件的呢？答案就是解释器有自己的搜索路径，存在系统模块的 sys. path 里。因此如果在当前目录下存在与要引入模块同名的文件，就会把要引入的模块屏蔽掉。举个简单的例子，在某一目录下（D:\2020 学院事项\写书计划\代码例子）创建一个名为 hello. py 文件，其包含的代码如下：

```
def tell():
    print("Hello, Gsj! ")
```

在同一目录下(D: \2020 学院事项\写书计划\代码例子)，再创建一个 call. py 文件，其包含的代码如下：

```
#通过 import 关键字,将 hello. py 模块引入此文件
import hello
hello. tell()
```

输出结果：

Hello，Gsj!

这里 call. py 文件中使用了原本在 hello. py 文件中才有的 tell () 函数。

此外，import 语句导入模块的时候还有别名的用法，如下程序例子：

```
#导入 sys 整个模块，并指定别名为 x
import sys as x
# 使用 s 模块别名作为前缀来访问模块中的成员
print(x. argv[0])
```

第 2 行代码在导入 sys 模块时才指定了别名 x，因此在程序中使用 sys 模块内的成员时，必须添加模块别名 x 作为前缀。运行该程序，可以看到如下输出结果：

D:/PythonProject/LessonTeacher/Lesson18/test. py

import 语句也可以一次导入多个模块，多个模块之间用逗号隔开即可，并且每个模块都可以取别名，如以下示例：

#导入 sys、os 两个模块,并为 sys 指定别名 x,为 os 指定别名 y

import sys as x, os as y

# 使用模块别名作为前缀来访问模块中的成员

print(x. argv[0])

print(y. path)

上面第 2 行代码一次导入了 sys 和 os 两个模块，并分别为它们指定别名为 x、y，因此程序可以通过 x、y 两个前缀来使用 sys、os 两个模块内的成员。将上面代码敲入IDE，可以得到运行结果：

D: /PythonProject/LessonTeacher/Lesson18/test. py

<module 'ntpath'from

'C: \ \ Users \ \ shz06 \ \ AppData \ \ Local \ \ Programs \ \ Python \ \ Python38 – 32 \ \ lib \ \ ntpath. py'>

### 8. 2. 3 from…import 语句

先来学习一下，from…import 语句语法格式：

from modname import name1[, name2[, . . . nameN]]

以下代码展示了 from. . . import 语句最简单的语法用法：

#导入 sys 模块的 argv 成员

from sys import argv

# 使用导入成员的语法，直接使用成员名访问

print(argv[0])

运行结果：

D:/PythonProject/LessonTeacher/Lesson18/test. py

导入模块成员时，同样也可以为成员指定别名，例如如下程序：

#导入 sys 模块的 argv 成员,并为其指定别名 x

from sys import argv as x

# 使用导入成员(并指定别名)的语法,直接使用成员的别名访问

print(x[0])

运行结果：

D:/PythonProject/LessonTeacher/Lesson18/test. py

此外，form…import 导入模块成员时，支持一次导入多个成员并同时分别指定别名，例如：

```
#导入 sys 模块的 argv, winver 成员,并为其指定别名 x、y
from sys import argv as x, winver as y
# 使用导入成员(并指定别名)的语法,直接使用成员的别名访问
print(x[0])
print(y)
```

运行结果:

D: /PythonProject/LessonTeacher/Lesson18/test. py

3. 8-32

# 8.3　第三方模块安装方法

刚开始学习 Python 的时候, 在遇到一些功能实现的时候, 可能需要借助第三方模块, 也即其他人员已经书写好的模块, 那么我们怎么使用这些模块呢? 这时候读者可能会遇到需要安装第三方模块的问题。一般第三方模块常用安装方法有两种。当然, 我们得先知道需要的第三模块的名字。要是不知道的话, 可以根据面向搜索引擎的编程思想, 进行查找。

### 8.3.1 本节重点

- 掌握 pip 安装模块的方法
- 掌握通过 PyCharm 安装模块方法

### 8.3.2 pip 安装第三方模块

如果读者是 Windows 平台开发环境, 可以依次进入"运行→cmd→然后输入: pip install 你要安装的第三模块的名字", 然后点击 Enter (回车) 即可。注意: 是直接在 cmd 黑屏终端这里输入, 不需要进入 Python 环境。比如, 现在我们需要开发一款游戏, 需要用到 Pygame 模块, 我们可以进入安装过程, 图 8-1 所示为错误演示, 图 8-2 所示为正确操作, 读者按照图 8-2 的命令安装即可。

```
Microsoft Windows [版本 10.0.18363.1139]
(c) 2019 Microsoft Corporation。保留所有权利。

C:\Users\shz06>python
Python 3.8.2 (tags/v3.8.2:7b3ab59, Feb 25 2020, 22:45:29) [MSC v.1916 3
2 bit (Intel)] on win32
Type "help", "copyright", "credits" or "license" for more information.
>>> pip install Pygame
  File "<stdin>", line 1
    pip install Pygame

SyntaxError: invalid syntax
>>>
```

图 8-1　安装 Pygame 模块错误示范

```
C:\Users\shz06>
C:\Users\shz06>
C:\Users\shz06>pip install Pygame
Requirement already satisfied: Pygame in c:\users\shz06\appdata\local\programs\python
\python38-32\lib\site-packages (1.9.6)

C:\Users\shz06>
```

图 8-2　安装 Pygame 模块正确操作

有时候，读者会发现安装第三方模块的时候并不会特别顺利，原因可能是因为网络的问题或者 pip 版本过低，如果是前者，只能是多尝试几次，如果是后者，可以输入以下命令：

pip install --upgrade pip

该命令可以对 pip 进行升级，然后再安装第三方模块。

### 8.3.3 PyCharm 安装第三方模块

在读者安装好的 PyCharm IDE 中，依次进入 File（文件）→Settings（设置）→Project：你的项目名字→Project Interpreter 进入图 8-3。

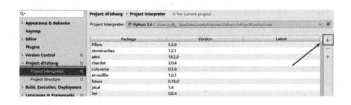

图 8-3　PyCharm 界面操作过程第一步

点击上图中的+号，弹出对话框，就可以搜索需要安装的第三方模块。

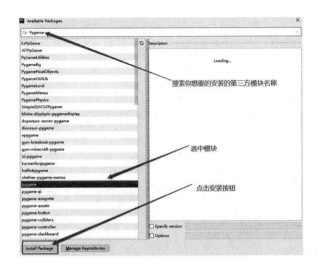

图 8-4　PyCharm 界面操作过程第二步

按照图 8-4 所示箭头，点击安装，等待即可。

# 8.4　什么是包

### 8.4.1 本节重点

- 理解并掌握包机制

### 8.4.2 包详解

　　相信读者都知道，在完成一个中大型项目的时候，是需要很多人参与编写代码的，每个人负责不同的功能模块。那就会出现一个问题，如果 A 和 B 两人编写的模块名相同怎么办？Python 提供了一个很好的解决模块名冲突问题的方法，即按目录来组织模块，这个组织模块的方法称为包（Package）。举个例子，一个 some.py 的文件就是一个名字叫 some 的模块，一个 one.py 的文件就是一个名字叫 one 的模块。现在，假设我们的 some 和 one 这两个模块名字与其他模块冲突了，于是我们可以通过包来组织模块，避免冲突。方法是选择一个顶层包名，如图 8-5 所示。

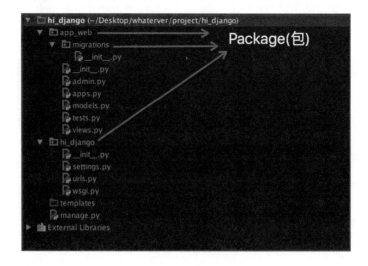

图 8-5　包例子

如上图，包其实就是文件夹，更确切地说，是一个包含"＿＿init＿＿. py"文件的文件夹。引入了包以后，只要顶层的包名不与别人冲突，那所有模块都不会与别人冲突。

# 8.5　如何创建包

### 8.5.1 本节重点

- 掌握如何创建包

### 8.5.2 创建包

如何创建包呢？说简单一些，第一步应该新建一个文件夹，文件夹的名称就是新建包的包名，紧接着在该文件夹中，创建一个 ＿＿init＿＿. py 文件（前后各有 2 个下划线＿＿），该文件中可以不编写任何代码。当然，也可以编写一些 Python 初始化代码，则当有其他程序文件导入包时，会自动执行该文件中的代码。按照这两步，读者跟随以下步骤尝试操作：

（1）在 PyCharm IDE 里面创建一个文件夹，名称可以自由设置，在这里我们设置为 my_package；

（2）在该文件夹 my_package 上创建一个 ＿＿init＿＿. py 文件，一般来说该文件不添加任何代码，但这里为了向大家演示效果，我们可以加入以下简单代码：

'''

广司警网址: http://www.gdsfjy.cn/

222

创建第一个 Python 包

"""

print('Hello, Gsj, my address is http://www.gdsfjy.cn/')

可以看到，\_\_init\_\_.py 文件中，包含了此包的说明信息和一条简单的 print 输出语句。这样，我们就创建好了一个 Python 包。

将创建的 my_package 包建好以后，就可以开始添加模块了，这里我们添加两个模块，分别命名为 module1.py、module2.py，模块里面的代码如下：

```
#module1.py 模块文件
def display(arc):
    print(arc)
#module2.py 模块文件
class Coding_Language:
    def display(self):
        print("Python")
```

现在，我们就创建好了一个具有如图 8-6 所示的文件结构的包。

**图 8-6　my_package 包结构**

这里需要给读者提醒一下，创建的包中其实还可以容纳其他的包，不过由于篇幅所限，这里不再展开演示，有兴趣的读者可以自行调整包的结构尝试一下。

## 8.6　如何导入包

### 8.6.1 本节重点

- 掌握如何导入包

### 8.6.2 导入包

读者要弄清楚如何导入包，只需要弄清楚一个本质问题，即包本质上就是模块，只不过是一种特殊的模块，那么模块导入的方法依然适用于导入包，包括用户自定义的包和从网上下载的第三方包。所以归纳起来和模块的导入一样，有以下三种方法：

（1）import 包名［. 模块名［as 别名］］；

（2）from 包名 import 模块名［as 别名］；

（3）from 包名 . 模块名 import 成员名［as 别名］。

用［］括起来的部分，是可选部分，既可以使用，也可以忽略。在此，我们选定方法 1 和读者做一个演示，方法 2 和方法 3 只需要将导入方法做一个简单调整即可，读者学习完方法 1 以后完全可以自行尝试方法 2 和方法 3。

以前面创建好的 my_package 包为例，导入 module1 模块并使用该模块中成员可以使用如下代码：

```
importmy_package. module1
my_package. module1. display("Hello Gsj")
```

运行结果：

Hello Gsj

可以看到，通过此语法格式导入包中的指定模块后，在使用该模块中的成员（变量、函数、类）时，需添加"包名 . 模块名"为前缀。当然，如果使用 as 给"包名 . 模块名"起一个别名的话，就直接使用这个别名作为前缀使用该模块中的方法了，例如：

```
importmy_package. module1 as namemodule
namemodule. display("Hello Gsj")
```

运行结果：

Hello, Gsj, my address is http://www. gdsfjy. cn/

Hello Gsj

这里，相信读者发现了一个奇怪的输出，输出结果多了一行"Hello, Gsj, my address is http://www. gdsfjy. cn/"，这是为什么呢？很显然，由上节，我们知道，这个语句是出现在 __init__. py 文件中，换句话说，当直接导入指定包模块时，程序首先会自动执行该包所对应文件夹下的 __init__. py 文件中的代码，然后执行导入模块后的语句。另外，读者需要警醒一下，如果直接导入的是包，而不是包里面的模块，它的作用仅仅是导入并执行包下的 __init__. py 文件，因此，运行该程序，程序在执行 __init__. py 文件中代码的同时，如果用到某模块，会抛出 AttributeError 异常（访问的对象不存在）。如下面程序代码演示：

```
importmy_package
my_package. module1. display("Hello Gsj")
```

运行结果：

```
Traceback (most recent call last):
    File "D:/PythonProject/LessonTeacher/my_package/learn01. py", line 2, in <module>
        my_package. module1. display("Hello Gsj")
```

AttributeError: module 'my_package' has no attribute 'module1'

Hello, Gsj, my address is http: //www. gdsfjy. cn/

图 8-7 为上面关于包的操作演示，读者可以自行比对操作：

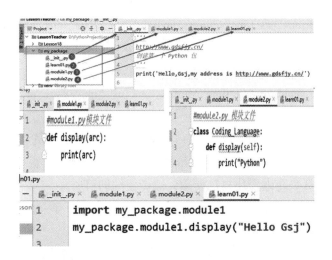

图 8-7　包结构

## 8.7　查看模块的方法

当我们正确导入相应的模块以后，我们迫切地想知道，这些模块具体包括哪些成员，比如包含哪些变量，哪些函数甚至哪些类，如何获得这些信息呢？这就是本节需要阐述的内容。查看已导入模块（包）中包含的成员，一般来说有两种方法。

### 8.7.1 本节重点

- 掌握 dir() 函数的使用
- 掌握_ _all_ _变量的使用

### 8.7.2 dir() 函数

函数 dir() 可以帮助我们查看模块成员，具体来说通过 dir() 函数，我们可以查看某指定模块包含的全部成员（包括变量、函数和类）。注意这里所指的全部成员，不仅包含可供我们调用的模块成员，还包含所有名称以双下划线_ _开头和结尾的成员，而这些"特殊"命名的成员，是为了在本模块中使用的，并不希望被其他文件调用。这里以导入 time 模块为例，time 模块包含操作字符串相关的大量方法，下面通过 dir() 函数查看该模块中包含哪些成员：

```
import time
print(dir(time))
```

运行结果：

```
['_STRUCT_TM_ITEMS', '__doc__', '__loader__', '__name__', '__package__',
'__spec__', 'altzone', 'asctime', 'ctime', 'daylight', 'get_clock_info', 'gmtime',
'localtime', 'mktime', 'monotonic', 'monotonic_ns', 'perf_counter',
'perf_counter_ns', 'process_time', 'process_time_ns', 'sleep', 'strftime',
'strptime', 'struct_time', 'thread_time', 'thread_time_ns', 'time', 'time_ns',
'timezone', 'tzname']
```

从程序运行结果可以看到，通过 dir() 函数获取到的模块成员，不仅包含供外部文件使用的成员，还包含很多以下划线开始的成员，列出这些成员，对我们并没有实际意义，因为这些成员只允许模块自己使用，读者了解即可。

### 8.7.3 __all__变量

除了使用 dir() 函数之外，还可以使用 __all__变量，借助该变量也可以查看模块（包）内包含的所有成员。这次我们以导入 random 模块为例进行演示：

```
import random
print(random.__all__)
```

运行结果：

```
['Random', 'seed', 'random', 'uniform', 'randint', 'choice', 'sample', 'randrange',
'shuffle', 'normalvariate', 'lognormvariate', 'expovariate', 'vonmisesvariate',
'gammavariate', 'triangular', 'gauss', 'betavariate', 'paretovariate',
'weibullvariate', 'getstate', 'setstate', 'getrandbits', 'choices',
'SystemRandom']
```

显然，和 dir() 函数相比，__all__变量在查看指定模块成员时，它不会显示模块中的特殊成员，同时还会根据成员的名称进行排序显示。不过需要注意的是，并非所有的模块都支持使用 __all__变量，因此对于获取有些模块的成员，就只能使用 dir() 函数。

# 8.8   单元总结

本单元我们学习了模块和包，Python 模块是指自我包含并且有组织的代码片段，其表现形式为编写的代码保存为文件，这个文件就是一个模块。包是一个有层次的文件目录结构，它定义了由 n 个模块或 n 个子包组成的 Python 应用程序执行环境。通俗一点来说，包是一个包含＿_init_＿. py 文件的目录，该目录下一定要有这个＿_init_＿. py 文件和其他模块或子包。Python 库是参考其他编程语言的说法，就是指 Python 中的完成一定功能的代码集合或供用户使用的代码组合，在 Python 中为包和模块的形式。

# 单元练习

一、选择题

1. (　　) 模块是 Python 标准库中最常用的模块之一。通过它可以获取命令行参数，从而实现从程序外部向程序内部传递参数的功能，也可以获取程序路径和当前系统平台等信息。

A. sys B. platform C. math D. time

2. 下列属于 math 库中的数学函数的是 (　　)。

A. time( ) B. round ( ) C. sqrt( ) D. random( )

3. random 库的 seek(a) 函数的作用是 (　　)。

A. 生成一个 [0.0, 1.0] 之间的随机小数

B. 设置初始化随机数种子 a

C. 生成一个 k 比特长度的随机整数

D. 生成一个随机整数

4. time 库的 time. time( ) 函数的作用是 (　　)。

A. 返回系统当前的时间戳对应的易读字符串表示

B. 返回系统当前的时间戳对应的 struct_time 对象

C. 返回系统当前的时间戳对应的本地时间的 struct_time 对象，本地之间经过时区转换

D. 返回系统当前的时间戳

5. 关于 turtle 库的形状绘制函数，以下选项中描述错误的是 (　　)。

A. 执行如下代码，绘制得到一个角度为 120°，半径为 180 的弧形

import turtle

turtle. circle(120, 180)

B. turtle. fd(distance) 函数的作用是向小海龟当前行进方向前进 distance 距离

C. turtle. seth(to_angle) 函数的作用是设置小海龟当前行进方向为 to_angle, to_angle 是角度的整数值

D. turtle. circle( ) 画圆，半径为正 (负)，表示圆心在画笔的左边 (右边) 画圆

二、填空题

1. Python 安装扩展库常用的就是_____工具。

2. Python 包含了数量众多的模块，通过_____语句可以导入模块，并使用

其定义的功能。

3. 使用 math 模块库中的函数，必须使用_____语句导入该模块。

4. Python 标准库 math 中用来计算平方根的函数就是_____。

5. 使用 pip 工具升级科学计算扩展库 numpy 的完整命令就是_____

6. 使用 pip 工具查看当前已安装的 Python 扩展库的完整命令就是_____。

7. Python 标准库 random 中的_____方法作用就是从序列中随机选择 1 个元素。

8. Python 标准库 random 中的 sample ( seq, k ) 方法作用就是从序列中选择_____的 k 个元素。

9. 下列语句的作用是_____。

```
import so
os. mkdir('d: \\ppp')
```

10. _____是模块更上一层的概念，一个_____可以包含多个模块。

学习单元 9

# 文件操作

读者应该明白计算机系统分成三层：计算机硬件，操作系统，应用程序。我们用 Python 或其他语言编写的应用程序若想要把数据永久保存下来，必须要保存于硬盘中，这涉及应用程序要操作硬件。众所周知，应用程序是无法直接操作硬件的，中间需要借助操作系统的帮助。操作系统把复杂的硬件操作封装成简单的接口给用户/应用程序使用，在这些接口中，文件就是操作系统提供给应用程序来操作硬盘的虚拟概念，用户或应用程序通过操作文件，可以将自己的数据永久保存下来。相信读者现在对文件已经有了初步的概念，有了文件这个概念以后，我们就无需再去考虑操作硬盘的细节，只需要关注操作文件的流程。

## 9.1　文件路径

### 9.1.1 本节重点

- 理解文件路径的概念

### 9.1.2 文件路径

关于文件，它有两个关键属性，分别是"文件名"和"路径"。其中，文件名读者应该明白指的就是为每个文件设定的名称，而路径则用来指明文件在计算机上的位置。例如，假设你现在使用一台 Windows 10 操作系统的电脑，该电脑有一个文件名为 Gsj. txt 的文本文档，句点之后的部分称为文件的"扩展名"，它指出了文件的类型，此处为文本 txt 类型，它的路径在 D: \Python 教学 \demo，也就是说，该文件位于 D 盘下 "Python 教学"文件夹中"demo"子文件夹下。通过文件名和路径可以分析出，Gsj. txt 是一个文本 txt 文档，"Python 教学"和"demo"都是指"文件夹"（也称为目录）。文件夹可以包含文件和其他文件夹，例如 Gsj. txt 在"demo"文件夹中，该文件夹又在 "Python 教学"文件夹中。注意，路径中的 D: \ 指的是"根文件夹"，它包含了所有其他文件夹。在 Windows 中，根文件夹名为 D:\，也称为 D:盘。在 Unix 和 Linux 中，根文件夹是/。

# 9.2 绝对路径和相对路径

标识一个文件的路径，有两种表示方式，分别是绝对路径和相对路径。

### 9.2.1 本节重点

- 理解绝对路径和相对路径的概念

### 9.2.2 绝对路径

绝对路径是指从根文件夹开始，Window 系统中以盘符（C:、D:）作为根文件夹，而 Uinix 或者 Linux 系统中以 / 作为根文件夹。

### 9.2.3 相对路径

相对路径是指文件相对于当前工作目录所在的位置。例如，当前工作目录为 "D:\Python 教学\TestDemo"，若文件 test.txt 就位于这个 TestDemo 文件夹下，则 test.txt 的相对路径表示为 ".\test.txt"（其中 .\ 就表示当前所在目录）。在使用相对路径表示某文件所在的位置时，除了经常使用 .\ 表示当前所在目录之外，还会用到 ..\ 表示当前所在目录的父目录。

# 9.3 文件基本操作

### 9.3.1 本节重点

- 掌握文件的基本操作

### 9.3.2 文件基本操作

Python 中，对文件的操作有很多种，常见的操作包括创建、删除、修改权限、读取、写入等，这些操作可大致分为以下两类：

（1）删除、修改权限：作用于文件本身，属于系统级操作。删除和修改权限操作，相对来说，其功能单一，实现起来不复杂，一般是利用 Python 中的专用模块，比如 os、sys 模块等来实现。例如，假设如下代码文件的同级目录中有一个文件"test.txt"，通过调用 os 模块中的 remove 函数，可以将该文件删除，具体可以看下面的代码实现：

importos

os. remove("test. txt")

有关使用 os 模块或者 sys 模块的具体操作，限于篇幅，在这里不和读者展开，读者可以自行查阅相关材料作更详细的了解。

（2）写入、读取：是文件最常用的操作，作用于文件的内容，属于应用级操作。而对于文件的应用级操作，通常需要按照固定的步骤进行操作，且实现过程相对比较复杂，同时也是本章重点要讲解的部分。文件的应用级操作可以分为以下三步，每一步都需要借助对应的函数实现：

第一步：打开文件。使用 open() 函数，该函数会返回一个文件对象。

第二步：对已打开文件做读/写操作。读取文件内容可使用 read()、readline() 以及 readlines() 函数；向文件中写入内容，可以使用 write() 函数。

第三步：关闭文件。完成对文件的读/写操作之后，最后需要关闭文件，可以使用 close() 函数。

一个文件的应用级操作，必须经过这三步，并且这三步的顺序不能打乱。以上操作步骤以及涉及的文件操作的各个函数，会在本学习单元接下来的部分一一介绍。

# 9.4　打开指定文件

### 9.4.1 本节重点

- 掌握文件打开 open() 函数的使用

### 9.4.2 文件打开 open( )函数

Python 具有内置 open() 函数来打开文件。此函数返回文件对象，也称为句柄，因为它用于相应地读取或修改文件。

```
>>>f = open("test. txt")                    # 在当前文件夹打开 test. txt
>>>f = open("C:/Python38/README. txt")   # 从绝对路径打开文件 README. txt
```

如图 9-1 所示，我们可以在打开文件时指定模式。在模式下，我们指定是否要读取 r，写入 w 或追加 a 到文件。我们还可以指定是否要以文本模式或二进制模式打开文件。默认为在文本模式下阅读。在这种模式下，当从文件中读取时，我们会得到字符串。另一方面，二进制模式返回字节，这是处理非文本文件（如图像或可执行文件）时要使用的模式。

| 模式 | 描述 |
| --- | --- |
| r | 打开文件进行读取。（默认） |
| w | 打开一个文件进行写入。如果不存在则创建一个新文件，或者如果存在则将其截断。 |
| x | 打开文件以进行独占创建。如果文件已经存在，则操作失败。 |
| a | 打开文件以在文件末尾追加而不截断。如果不存在，则创建一个新文件。 |
| t | 以文本模式打开。（默认） |
| b | 以二进制模式打开。 |
| + | 打开文件进行更新（读取和写入） |

图 9-1　文件操作模式

```
f = open("test. txt")              # 相当于使用 'r'or 'rt'
f = open("test. txt", 'w')         # 按写入模式打开
f = open("img. bmp", 'r+b')        # 以二进制读的方式打开
```

此外，默认编码取决于平台。在 Windows 和 Linux 中的默认编码方式是不一样的，同样不同的语言可能编码方式也不一样。因此，我们也不能依赖默认编码，否则我们的代码在不同平台上的行为会有所不同。因此，如果我们以文本模式处理文件时，强烈建议指定编码类型。如下面的方式：

```
f = open("test. txt", mode='r', encoding='utf-8')
```

## 9.5　写入文件

### 9.5.1 本节重点

- 掌握文件写入 write()函数的使用

### 9.5.2 文件写入 write()函数

为了用 Python 写入文件，我们需要以 write、append 或 Exclusive 创建 x 模式打开它。我们需要谨慎使用该 w 模式，因为如果该模式已经存在，它将被覆盖到文件中，所有先前的数据都将被擦除。如图 9-2 所示，使用该 write()方法可完成写入字符串或字节序列（对于二进制文件）。此方法返回写入文件的字符数。

```
withopen("test. txt", 'w', encoding = 'utf-8') as f:
f. write("我的第一个文件内容\n")
f. write("我是广司警的学生\n\n")
f. write("我热爱自己的学校\n")
```

如果该程序 test. txt 不存在，它将在当前目录中创建一个新文件。如果确实存在，则将其覆盖。我们必须自己包括换行符，以区分不同的行。

图 9-2 写入文件

# 9.6 读取文件

### 9.6.1 本节重点

- 掌握文件读取方法

### 9.6.2 文件读取方法

要使用 Python 读取文件，我们必须以读取 r 模式打开文件。有多种方法可用于此目的。我们可以使用 read(size) 方法读取 size 数据数量。如果 size 参数未指定，它将读取并返回到文件末尾。如图 9-3 所示，我们可以通过以下方式读取在上一节中编写的 text. txt 文件，我们可以在命令行模式编写代码演示 read() 函数的功能：

```
>>>f = open("D:/PythonProject/LessonTeacher/Lesson18/test. txt", 'r',
encoding ='utf-8')
>>>f. read(4)          # read the first 4 data
'我的第一'
>>>f. read(4)          # read the next 4 data
'个文件内'
>>>f. read(4)          # read the next 4 data
'容\n 我是'
>>>f. read()          # read in the rest till end of file
'广司警的学生\n\n 我热爱自己的学校\n\n\n'
>>>f. read()          # further reading returns empty sting
''
```

图9-3　读取文件

这里可以看到该 read() 方法返回一个换行符为'\n'。到达文件末尾后，将得到一个空字符串，供进一步阅读。如图 9-4 所示，可以使用 seek() 方法更改当前文件的光标（位置）。同样，该 tell() 方法可返回当前位置（以字节数为单位）。

```
>>>f. tell()              # get the current file position
87
>>>f. seek(0)             # bring file cursor to initial position
0
>>>print(f. read())       # read the entire file
我的第一个文件内容
我是广司警的学生

我热爱自己的学校
```

图 9-4　tell() 和 seek() 函数演示

如图 9-5 所示，我们可以使用 for 循环逐行读取文件，这既高效又快速。

```
>>>for line in f:
...       print(line, end = '')
...
```

我的第一个文件内容
我是广司警的学生

我热爱自己的学校

**图 9-5　for 循环逐行读取文件**

在此程序中，文件本身的行包括换行符\n。因此，在 print() 打印时，我们使用函数的 end 参数来避免出现两个换行符。

另外，如图 9-6 所示，我们可以使用该 readline() 方法读取文件的各个行。此方法读取文件直到换行符为止，包括换行符。

>>>f. readline()

'我的第一个文件内容\n'

>>>f. readline()

'我是广司警的学生\n'

>>>f. readline()

'\n'

>>>f. readline()

'我热爱自己的学校\n'

>>>f. readline()

''

图9-6　readline 读取文件

最后，如图 9-7 所示，该 readlines()方法返回整个文件的其余行的列表。当到达文件末尾（EOF）时，所有这些读取方法都将返回空值。

>>>f. readlines()

['我的第一个文件内容\n', '我是广司警的学生\n', '\n', '我热爱自己的学校\n']

图 9-7　readlines()读取文件

# 9.7　关闭文件

### 9.7.1 本节重点

● 掌握文件关闭方法

### 9.7.2 文件关闭方法

完成对文件的操作后，我们需要正确关闭文件。关闭文件将释放与该文件绑定的资源，这是使用 Python 中可用的方法 close()完成的。Python 有一个垃圾收集器来清理未引用的对象，但是我们不能依靠它来关闭文件。

f = open("test. txt", encoding = 'utf-8')

f. close()

这种方法并不完全安全。如果对文件执行某些操作时发生异常，则代码将退出而不关闭文件。一种更安全的方法是使用 try…finally 块。

```
try:
    f = open("test. txt", encoding = 'utf-8')
finally:
    f. close()
```

这样，即使出现引发程序流停止的异常，我们也可以保证文件已正确关闭。关闭文件的最佳方法是使用 with 语句。这样可以确保在退出 with 语句内的块时关闭文件。我们不需要显示调用该 close()方法，它是在内部完成的。

```
with open("test. txt", encoding = 'utf-8') as f:
```

## 9.8　单元总结

Python 文件对象有多种可用方法，其中一些已在以上示例中使用。Python 还有很多的内置函数，限于篇幅的限制，读者可以自行学习。

## 单元练习

一、选择题

1. 调用 open 函数可以打开指定文件，在 open()函数中访问模式参数使用（　　）表示只读。

A.'a'　　　　　　B.'w+'　　　　　　C.'r'　　　　　　D.'w'

2. 下列不是 Python 中对文件读取操作的是？（　　）

A. read()　　　B. readall()　　　C. readlines()　　D. readline()

3. 下列不是 Python 中对文件写入操作的是？（　　）

A. write()　　　　　　　　　B. writelines()

C. writetext()　　　　　　　D. write()和 seek()

4. 在读写文件之前，必须通过以下哪个方法创建文件对象？（　　）

A. create　　　B. folder　　　C. File　　　D. open

5. 将一个文件与程序中的对象关联起来的过程，称为（　　）。

A. 文件读取　　　B. 文件写入　　　C. 文件打开　　　D. 文件关闭

6. 两次调用文件的 write()方法，以下选项中描述正确的是（　　）。

A. 连续写入的数据之间无分隔符

B. 连续写入的数据之间默认采用换行分隔

C. 连续写入的数据之间默认采用空格分隔

D. 连续写入的数据之间默认采用逗号分隔

7. 下列文件/语法格式通常不用作高维数据存储的一项是（    ）。

A. HTML      B. XML      C. JSON      D. CSV

8. 采用 Python 语言对 CSV 文件写入，最可能采用的字符串方法是（    ）。

A. strip( )      B. split( )      C. join( )      D. format( )

9. 关于 CSV 文件处理，下列描述中错误的是（    ）。

A. 因为 CSV 文件以半角逗号分隔每列数据，所以即使数据为空也要保留逗号

B. 对于包含英文半角逗号的数据，以 CSV 文件保存时需进行转码处理

C. 因为 CSV 文件可以由 Excel 打开，所以是二进制文件

D. 通常，CSV 文件每行表示一个二维数据，多行表示二维数据

10. 关于文件的打开方式，下列说法中正确的是（    ）。

A. 文件只能选择二进制或文本方式打开

B. 所有文件都可能以二进制方式打开

C. 文本文件只能以文本方式打开

D. 所有文件都可能以文本方式打开

11. 关于文件，下列说法中错误的是（    ）。

A. 对已经关闭的文件进行读写操作会默认再次打开文件

B. 对文件操作完成后即使不关闭程序也不会报错，所以可以不关闭文件

C. 对于非空文件，read( )返回字符串，readline( )返回列表

D. file = open(filename,'rb') 表示以只读、二进制方式打开名为 filename 的文件

二、填空题

1. Python 内置函数_____用来打开或创建文件并返回文件对象。

2. 使用上下文管理关键字_____可以自动管理文件对象，不论何种原因结束该关键字中的语句块，都能保证文件被正确关闭。

3. 根据文件数据的组织形式，Python 的文件可以分为_____和_____，一个 Python 程序文件是一个_____，一幅 jpg 图像是一个_____。

4. 对于二进制文件，今后读出或写入的数据格式是_____，对于文本文件，数据格式是_____。

5. 二进制文件的读出与写入可以分别使用_____和_____方法。

6. 对于有'A'的文件打开方式，指针定位在_____。

7. Python 系统提供_____方法关闭文件。

8. 文件对象的_____方法用来把缓冲区的内容写入文件，但不关闭文件。

9. os. path 模块中的_____用来测试指定的路径是否为文件。

10. os 模块的_____方法用来返回包含指定文件夹中所有文件和子文件夹的列表。

三、编程

1. 假设有一个英文文本文件，编写程序读取其内容，并将其中的大写字母变为小写字母，小写字母变为大写字母。

2. 编写一个合并两个文本文件内容的程序。

3. 编写程序：从键盘输入一个字符串，将小写字母全部转换成大写字母，然后输出到一个磁盘文件 "test" 中保存。

4. 编写程序：如果一个文本文件中含有字符串 "ABC"，将其替换为 "Hello"。

5. 编写程序：在 D 盘根目录下创建一个文本文件 test. txt，并向其中写入字符串 hello world。

## 学习单元 10

# 综合训练-贪吃蛇游戏

学习到这里，读者已经可以利用前 9 个单元的知识实现一些简单工程了，那么来试试吧，跟着本单元的学习节奏一起实现一款简单的贪吃蛇游戏。让我们快速看一下用 Python 构建贪吃蛇游戏 Snake Game 的所有步骤：

（1）安装 Pygame

（2）创建屏幕

（3）创建蛇

（4）移动蛇

（5）蛇触碰边界

（6）添加食物

（7）增加蛇的长度

（8）显示分数

## 10.1　安装 Pygame

使用 Pygame 创建游戏所需要做的第一件事是将其安装在我们的系统上。为此，可以使用学习单元 8 中提到的模块安装方法，使用以下方法命令安装：

（1）命令行输入 pip install pygame；

（2）PyCharm 搜索安装 Pygame。

完成后，只需导入 Pygame 并可开始游戏开发。关于 Pygame 模块知识会穿插在下面代码中介绍，用到什么就介绍什么，这里不统一介绍了。整个程序由于调用了大量的 Pygame 库里面的函数，所以非常简单，只有不到 200 行的代码。图 10-1 为游戏设计的整体框架图，读者以后在编写工程项目之前，提前想好架构并按照架构画好框架图会有事半功倍的效果：

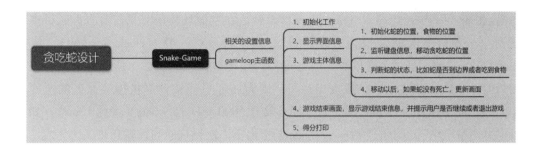

图 10-1　贪吃蛇框架图

在继续之前，请先看一下此 Snake 游戏中使用的 Pygame 函数及其描述。在表 10-1 中，我们重点阐述一下下面两个函数，其余函数相信大家通过描述就可以看出相应的功能。

pygame. time. Clock( )

pygame. display. set_mode( ( windows_width, windows_height ) )

表 10-1　贪吃蛇 SnakeGame 使用的 Pygame 模块内函数

| 功能 | 描述 |
| --- | --- |
| 在里面( ) | 初始化所有导入的 Pygame 模块（返回一个表示初始化成功和失败的元组） |
| display. set_mode( ) | 将元组或列表作为其参数来创建表面（首选元组） |
| update( ) | 更新画面 |
| 放弃( ) | 用于取消初始化所有内容 |
| set_caption( ) | 将标题文字设置在显示屏幕的顶部 |
| event. get( ) | 返回所有事件的列表 |
| Surface. fill( ) | 将用纯色填充表面 |
| time. Clock( ) | 帮助跟踪时间 |
| font. SysFont( ) | 将根据系统字体资源创建一个 Pygame 字体 |

10. 1. 1 pygame. time. Clock( )

控制帧速率。pygame. time. Clock( )会控制每个循环多长时间运行一次。这就好比，有个定时器在控制着时间进程，一到时间就告诉 CPU：现在该开始循环了！

使用 Pygame 时钟之前，必须先创建 Clock 对象的一个实例，这与创建其他类的实例完全相同。Clock＝Pygame. time. Clock( )。然后在主循环体中，只需要告诉时钟多久"提醒"一次——也就是说，循环应该多长时间运行一次：clock. tick(60)。传入 clock. tick( )的数不是一个毫秒数。这是每秒内循环要运行的次数，所以这个循环应当每秒运行 60 次，在这里只是说应当运行，因为循环只能按计算机能够保证的速度运行，每秒 60 个循环（或帧）时，每个循环需要 1000/60＝16. 66ms（大约 17ms），如果循环中的代码运行时间超过 17ms，在 clock 指出下一次循环时当前循环将无法完成。再说通俗一点，就是我们游戏的 fps，每秒多少帧的意思。至于后面在哪 clock. tick( )，读者可以参阅代码。

10. 1. 2 pygame. display. set_mode( ( windows_width，windows_height) )

生成 windows 窗口，pygame. display. set_mode(resolution＝(0, 0), flags＝0, depth＝0)，返回的是一个 surface 对象(surface 对象是用于表示图像对象，只要指定尺寸，就可以利用)。resolution 可以控制生成 windows 窗口的大小，flags 代表的是扩展选项，depth 不推荐设置。flags 标志位控制你想要什么样的显示屏，主要有下面几个，这几个量相当于是全局的常量，使用的时候可以用 from pygame. locals import ＊导入：

pygame. FULLSCREEN 控制全屏，由 0 或者 1 来控制

pygame. HWSURFACE 控制是否进行硬件加速

pygame. RESIZABLE 控制窗口是否可以调节大小

由于程序没有多么复杂，我们可以直接使用面向过程的思路编写了。这里对读者提出一个小的作业要求，在学习完本单元以后，读者可以自行将代码书写调整为面向对象的思路，加深对面向对象的理解。现在，我们就开始编写人生中的第一个小工程项目吧。

# 10. 2　创建屏幕

要使用 Pygame 创建屏幕，需要使用 display. set_mode( ) 函数。还必须利用 init( ) 和 quit( ) 方法在代码的开头和结尾处初始化和取消初始化所有内容。update( )方法被用于更新对屏幕所做的任何改变。还有另一种方法，即 flip( )，其功能类似于 update( )函数。区别在于，update( )方法仅更新所做的更改（但是，如果未传递任何参数，则更新整个屏幕），而 flip( )方法再次重做整个屏幕。

# 第 1 段代码：创建屏幕的代码

# 导入 pygame 模块

importpygame

pygame. init( )#初始化

```
dis=pygame. display. set_mode((400,300))
pygame. display. update()
pygame. quit()
quit()
```

运行结果如图 10-2 所示：

**图 10-2　创建游戏屏幕**

但是，当运行此代码时，将出现屏幕，但也会立即关闭。要解决此问题，在我们实际退出游戏之前，应使用 while 循环使游戏循环，如下所示：

# 第 2 段代码：添加循环逻辑的创建屏幕的代码

```
import pygame

pygame. init()
dis = pygame. display. set_mode((400,300))
pygame. display. update()
pygame. display. set_caption('Snake game by shanhua')
game_over = False
while not game_over:
    for event in pygame. event. get():
        print(event)    # prints out all the actions that take place on the screen

pygame. quit()
quit()
```

运行此代码时，不仅屏幕不会退出，并且还显示了在其上进行的所有操作，如图 10-3 所示。这是使用 event. get( )函数做到的。另外，还可以使用 display. set_caption( ) 函数将屏幕命名为"Snake Game by shanhua"。

**图 10-3 创建添加循环逻辑以及提示的游戏屏幕**

现在，我们已经有了一个屏幕来玩 Snake 游戏，但是此时尝试单击关闭按钮，该屏幕并不会关闭。这是因为我们没有指定当用户按下关闭按钮时屏幕应该退出。为此，Pygame 提供了一个名为"QUIT"的事件，应按以下方式使用它：

```python
# 第 3 段代码：在第 2 段代码基础上添加 "QUIT" 的事件
import pygame

pygame. init( )
dis = pygame. display. set_mode( (400, 300) )
pygame. display. update( )
pygame. display. set_caption('Snake game by shanhua')
game_over = False
while not game_over:
    for event in pygame. event. get( ):
        # Pygame 提供了一个名为" QUIT"的事件
        if event. type == pygame. QUIT:
            game_over = True
```

```
pygame. quit( )
quit( )
```

现在，游戏屏幕已设置完毕。接下来，我们一起学习如何在屏幕上绘制蛇，继续代码书写吧。

## 10. 3　创建蛇

要创建蛇，首先必须初始化一些颜色变量，以便为蛇、食物、屏幕等着色。Pygame 中使用的配色方案是 RGB，即 "红绿蓝"。如果将所有这些都设置为 0，则颜色将为黑色，而所有都设为 255 将为白色。在这里，假定我们设计的蛇实际上是一个矩形（也可以设置为其他形状，这里是为了简单，所以设置为矩形）。要在 Pygame 中绘制矩形，可以使用一个名为 draw. rect( )的函数，该函数能够绘制具有所需颜色和大小的矩形。

```
# 第 4 段代码：增加蛇的创建代码
import pygame

pygame. init( )
dis = pygame. display. set_mode( (400, 300) )

pygame. display. set_caption('Snake game by shanhua')

blue = (0, 0, 255)
red = (255, 0, 0)

game_over = False
while not game_over:
    for event in pygame. event. get( ):
        if event. type == pygame. QUIT:
            game_over = True
    # draw. rect( )函数，绘制蛇
    pygame. draw. rect(dis, blue, [200, 150, 10, 10])
    pygame. display. update( )
pygame. quit( )
quit( )
```

运行结果如图 10-4 所示：

图 10-4　创建蛇头

初始蛇被我们创建为一个蓝色矩形。下一步是让蛇移动。

# 10.4　移动蛇

要移动蛇，需要使用 Pygame 的 KEYDOWN 类中存在的键盘按键事件。在我们这个工程中，使用的事件分别是 K_UP，K_DOWN，K_LEFT 和 K_RIGHT，它们使蛇分别向上，向下，向左和向右移动。同样，使用 *fill( )* 方法将显示屏幕从默认的黑色更改为红色。

这时需要创建两个变量，分别为新变量 *x1_change* 和 *y1_change* ，以保存蛇移动的时候 x 和 y 坐标的更新值。

```
# 第 5 段代码：增加蛇的移动代码块
import pygame

pygame. init( )

white = (255, 255, 255)
black = (0, 0, 0)
red = (255, 0, 0)
```

```
dis = pygame. display. set_mode((800, 600))
pygame. display. set_caption('Snake Game by shanhua')

game_over = False

x1 = 300
y1 = 300

x1_change = 0
y1_change = 0

clock = pygame. time. Clock()

while not game_over:
    for event in pygame. event. get():
        if event. type == pygame. QUIT:
            game_over = True
        if event. type == pygame. KEYDOWN:
            if event. key == pygame. K_LEFT:
                x1_change = -10
                y1_change = 0
            elif event. key == pygame. K_RIGHT:
                x1_change = 10
                y1_change = 0
            elif event. key == pygame. K_UP:
                y1_change = -10
                x1_change = 0
            elif event. key == pygame. K_DOWN:
                y1_change = 10
                x1_change = 0
    # 保存移动后的更新的新坐标
    x1 += x1_change
    y1 += y1_change
    # 将游戏窗口默认黑色调整为红色
        dis. fill(red)
```

```
        pygame. draw. rect(dis, black, [x1, y1, 10, 10])

        pygame. display. update( )

        clock. tick(30)

pygame. quit( )
quit( )
```

运行结果如图 10-5 所示：

图 10-5　添加键盘方向按键触发事件

此时，如果用户移动键盘的上下左右按键，会发现黑色的蛇会移动。

## 10.5 蛇触碰边界

在这个贪吃蛇游戏中，如果用户让蛇移动时触及游戏屏幕的边界，那么就判定游戏结束。为了实现这个功能，我们可以使用一个 if 语句，该语句定义了蛇的 x 和 y 坐标的限制小于或等于屏幕的限制。继续再添加如下代码：

# 第 6 段代码：增加触碰边界判断

```python
import pygame
import time

pygame.init()
white = (255, 255, 255)
black = (0, 0, 0)
red = (255, 0, 0)

dis_width = 800
dis_height = 600
dis = pygame.display.set_mode((dis_width, dis_width))
pygame.display.set_caption('Snake Game by shanhua')
game_over = False
x1 = dis_width / 2
y1 = dis_height / 2
snake_block = 10
x1_change = 0
y1_change = 0
clock = pygame.time.Clock()
snake_speed = 30
font_style = pygame.font.SysFont(None, 50)
def message(msg, color):
    mesg = font_style.render(msg, True, color)
    dis.blit(mesg, [dis_width / 2, dis_height / 2])

while not game_over:
    for event in pygame.event.get():
        if event.type == pygame.QUIT:
            game_over = True
        if event.type == pygame.KEYDOWN:
            if event.key == pygame.K_LEFT:
                x1_change = -snake_block
                y1_change = 0
            elif event.key == pygame.K_RIGHT:
                x1_change = snake_block
```

```
                y1_change = 0
            elif event. key == pygame. K_UP:
                y1_change = -snake_block
                x1_change = 0
            elif event. key == pygame. K_DOWN:
                y1_change = snake_block
                x1_change = 0
    # 判断蛇的 x 和 y 坐标的限制与屏幕的限制
    if x1 >= dis_width or x1 < 0 or y1 >= dis_height or y1 < 0:
        game_over = True

    x1 += x1_change
    y1 += y1_change
    dis. fill(red)
    pygame. draw. rect(dis, black, [x1, y1, snake_block, snake_block])

    pygame. display. update()

    clock. tick(snake_speed)

message("You lost", white)
pygame. display. update()
time. sleep(2)

pygame. quit()
quit()
```

运行结果如图 10-6 所示：

图 10-6  蛇触碰边界

此时，如果用户移动键盘的上下左右按键，蛇移动到边界则会出现上面的结果。

## 10.6  添加食物

在这里，我们将为蛇添加一些食物，当蛇越过这些食物时，会弹出一条消息，说"Yummy!"。另外，还可以将游戏做一个人性化更改，其中包括退出游戏或在用户输了时再次玩的选项，这更符合游戏的选项逻辑。

```python
# 第 7 段代码：增加添加食物功能
import pygame
import time
import random


pygame. init( )
```

```python
white = (255, 255, 255)
black = (0, 0, 0)
red = (255, 0, 0)
blue = (0, 0, 255)

dis_width = 800
dis_height = 600

dis = pygame.display.set_mode((dis_width, dis_height))
pygame.display.set_caption('Snake Game by shanhua')

clock = pygame.time.Clock()

snake_block = 10
snake_speed = 30

font_style = pygame.font.SysFont(None, 30)

def message(msg, color):
    mesg = font_style.render(msg, True, color)
    dis.blit(mesg, [dis_width / 3, dis_height / 3])

def gameLoop():       # creating a function
    game_over = False
    game_close = False

x1 = dis_width / 2
y1 = dis_height / 2

x1_change = 0
y1_change = 0
#生成食物位置
foodx = round(random.randrange(0, dis_width - snake_block) / 10.0) * 10.0
foody = round(random.randrange(0, dis_width - snake_block) / 10.0) * 10.0
```

```
while not game_over:

    while game_close == True:
        dis. fill(white)
        #退出游戏或在用户输了时再次玩的选项
            message("Game over! Press C-Play again or Press Q-Quit", white)
            pygame. display. update()

            for event in pygame. event. get():
                if event. type == pygame. KEYDOWN:
                    if event. key == pygame. K_q:
                        game_over = True
                        game_close = False
                    if event. key == pygame. K_c:
                        gameLoop()

        for event in pygame. event. get():
            if event. type == pygame. QUIT:
                game_over = True
            if event. type == pygame. KEYDOWN:
                if event. key == pygame. K_LEFT:
                    x1_change = -snake_block
                    y1_change = 0
                elif event. key == pygame. K_RIGHT:
                    x1_change = snake_block
                    y1_change = 0
                elif event. key == pygame. K_UP:
                    y1_change = -snake_block
                    x1_change = 0
                elif event. key == pygame. K_DOWN:
                    y1_change = snake_block
                    x1_change = 0

        if x1 >= dis_width or x1 < 0 or y1 >= dis_height or y1 < 0:
            game_close = True
```

```
        x1 += x1_change
        y1 += y1_change
        dis.fill(red)
        pygame.draw.rect(dis, blue, [foodx, foody, snake_block, snake_block])
        pygame.draw.rect(dis, black, [x1, y1, snake_block, snake_block])
        pygame.display.update()
        # 蛇移动的坐标刚好等于食物坐标,即吃到了食物
        if x1 == foodx and y1 == foody:
                print("Yummy!!")
            clock.tick(snake_speed)


    pygame.quit()
    quit()


gameLoop()
```

运行结果如图 10-7 所示:

```
Hello from the pygame community.
Yummy!!
Yummy!!
Yummy!!
Yummy!!
Yummy!!
Yummy!!
Yummy!!
Yummy!!
```

**图 10-7　贪吃蛇吃到食物**

# 10.7　增加蛇的长度

# 第 8 段代码：增加吃完食物，蛇的长度变化实现代码
import pygame

import time

import random


pygame. init( )


white = (255, 255, 255)

yellow = (255, 255, 102)

black = (0, 0, 0)

red = (213, 50, 80)

green = (0, 255, 0)

blue = (50, 153, 213)


dis_width = 600

dis_height = 400


dis = pygame. display. set_mode((dis_width, dis_height))

pygame. display. set_caption('Snake Game by shanhua')


clock = pygame. time. Clock( )

```python
snake_block = 10
snake_speed = 15


font_style = pygame. font. SysFont("bahnschrift", 25)
score_font = pygame. font. SysFont("comicsansms", 35)


def our_snake(snake_block, snake_list):
    for x in snake_list:
        pygame. draw. rect(dis, black, [x[0], x[1], snake_block, snake_block])


def message(msg, color):
    mesg = font_style. render(msg, True , color)
    dis. blit(mesg, [dis_width / 6, dis_height / 3])



def gameLoop():
    game_over = False
    game_close = False

    x1 = dis_width / 2
    y1 = dis_height / 2

    x1_change = 0
    y1_change = 0

    snake_List = []
    Length_of_snake = 1
    #生成食物位置
    foodx = round(random. randrange(0, dis_width - snake_block) / 10. 0) * 10. 0
    foody = round(random. randrange(0, dis_height - snake_block) / 10. 0) * 10. 0

    while not game_over:

        while game_close = = True:
            dis. fill(red)
```

```
#退出游戏或在用户输了时再次玩的选项
            message("Game over! Press C-Play again or Press Q-Quit",
white)

            pygame.display.update()

        for event in pygame.event.get():
            if event.type == pygame.KEYDOWN:
                if event.key == pygame.K_q:
                    game_over = True
                    game_close = False
                if event.key == pygame.K_c:
                    gameLoop()

    for event in pygame.event.get():
        if event.type == pygame.QUIT:
            game_over = True
        if event.type == pygame.KEYDOWN:
            if event.key == pygame.K_LEFT:
                x1_change = -snake_block
                y1_change = 0
            elif event.key == pygame.K_RIGHT:
                x1_change = snake_block
                y1_change = 0
            elif event.key == pygame.K_UP:
                y1_change = -snake_block
                x1_change = 0
            elif event.key == pygame.K_DOWN:
                y1_change = snake_block
                x1_change = 0

    if x1 >= dis_width or x1 < 0 or y1 >= dis_height or y1 < 0:
        game_close = True
    x1 += x1_change
    y1 += y1_change
```

```
            dis. fill(red)
            pygame. draw. rect(dis, green, [foodx, foody, snake_block, snake_
block])
            snake_Head = []
            snake_Head. append(x1)
            snake_Head. append(y1)
            snake_List. append(snake_Head)
            if len(snake_List) > Length_of_snake:
                del snake_List[0]

            for x in snake_List[:-1]:
                if x == snake_Head:
                    game_close = True

            our_snake(snake_block, snake_List)

            pygame. display. update()
            #蛇移动的坐标刚好等于食物坐标,即吃到了食物,重新生成食
物位置,同时增加蛇的长度
            if x1 == foodx and y1 == foody:
                foodx = round(random. randrange(0, dis_width - snake_block)
/ 10.0) * 10.0
                foody = round(random. randrange(0, dis_height - snake_block)
/ 10.0) * 10.0
                Length_of_snake += 1

            clock. tick(snake_speed)

        pygame. quit()
        quit()


    gameLoop()
```

运行结果如图 10-8 所示:

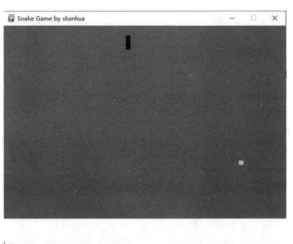

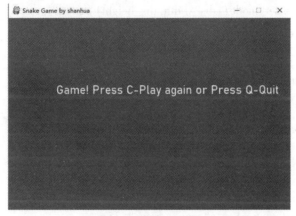

图 10-8  蛇吃到食物身体变大以及交互提示

## 10.8  显示分数

一般来说，我们还需要实时显示游戏玩家的得分。这里创建一个新函数" Your_score"显示玩家的分数，并且将其设置为黄色显示。

# 第 9 段代码：增加得分显示实现代码（完整代码）
import pygame
import time
import random

pygame. init( )

```python
white = (255, 255, 255)
yellow = (255, 255, 102)
black = (0, 0, 0)
red = (213, 50, 80)
green = (0, 255, 0)
blue = (50, 153, 213)

dis_width = 600
dis_height = 400

dis = pygame. display. set_mode((dis_width, dis_height))
pygame. display. set_caption('Snake Game by shanhua')

clock = pygame. time. Clock()

snake_block = 10
snake_speed = 15

font_style = pygame. font. SysFont("bahnschrift", 25)
score_font = pygame. font. SysFont("comicsansms", 35)

def Your_score(score):
    value = score_font. render("Your Score: " + str(score), True, yellow)
    dis. blit(value, [0, 0])

def our_snake(snake_block, snake_list):
    for x in snake_list:
        pygame. draw. rect(dis, black, [x[0], x[1], snake_block, snake_block])

def message(msg, color):
    mesg = font_style. render(msg, True, color)
    dis. blit(mesg, [dis_width / 6, dis_height / 3])

def gameLoop():
    game_over = False
```

```
game_close = False

x1 = dis_width / 2
y1 = dis_height / 2

x1_change = 0
y1_change = 0

snake_List = [ ]
Length_of_snake = 1

foodx = round(random. randrange(0, dis_width - snake_block) / 10. 0) * 10. 0
foody = round(random. randrange(0, dis_height - snake_block) / 10. 0) * 10. 0

while not game_over:

    while game_close = = True:
        dis. fill(red)
        #退出游戏或在用户输了时再次玩的选项
                message("Game over! Press C-Play again or Press Q-Quit",
    white)
                Your_score(Length_of_snake - 1)
                pygame. display. update()

                for event in pygame. event. get():
                    if event. type = = pygame. KEYDOWN:
                        if event. key = = pygame. K_q:
                            game_over = True
                            game_close = False
                        if event. key = = pygame. K_c:
                            gameLoop()

            for event in pygame. event. get():
                if event. type = = pygame. QUIT:
                    game_over = True
```

```
                        if event. type = = pygame. KEYDOWN:
                            if event. key = = pygame. K_LEFT:
                                x1_change = -snake_block
                                y1_change = 0
                            elif event. key = = pygame. K_RIGHT:
                                x1_change = snake_block
                                y1_change = 0
                            elif event. key = = pygame. K_UP:
                                y1_change = -snake_block
                                x1_change = 0
                            elif event. key = = pygame. K_DOWN:
                                y1_change = snake_block
                                x1_change = 0


                    if x1 >= dis_width or x1 < 0 or y1 >= dis_height or y1 < 0:
                        game_close = True
                    x1 += x1_change
                    y1 += y1_change
                    dis. fill(red)
                     pygame. draw. rect(dis, green, [foodx, foody, snake_block, snake_
                block])
                    snake_Head = []
                    snake_Head. append(x1)
                    snake_Head. append(y1)
                    snake_List. append(snake_Head)
                    if len(snake_List) > Length_of_snake:
                        del snake_List[0]


                    for x in snake_List[: -1]:
                        if x = = snake_Head:
                            game_close = True


                    our_snake(snake_block, snake_List)
                    Your_score(Length_of_snake - 1)
```

```
pygame. display. update()
```

# 蛇移动的坐标刚好等于食物坐标,即吃到了食物,重新生成食物位置,同时增加蛇的长度

```
if x1 == foodx and y1 == foody:
    foodx = round(random. randrange(0, dis_width − snake_block)
/ 10.0) * 10.0
    foody = round(random. randrange(0, dis_height − snake_block)
/ 10.0) * 10.0
    Length_of_snake += 1

clock. tick(snake_speed)

pygame. quit()
quit()

gameLoop()
```

运行结果如图 10-9 和图 10-10 所示:

图 10-9　贪吃蛇没有吃到食物得分为 0

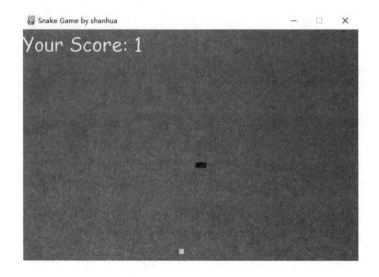

图 10-10　贪吃蛇吃到 1 个食物得分变为 1

　　至此，我们已经完成了一款简单的小游戏。希望读者对本学习单元中所有内容都一清二楚，请一定按照本学习单元的思路完整编写代码并在机器上成功运行，当你看到一条你自己创建的蛇在屏幕蠕动的时候，相信我，你会很开心的。

# 10.9　单元总结

　　本单元我们完成了一款简单的贪吃蛇游戏，该游戏的编写遵循的是面向过程的思想，相信读者在完成这款游戏的同时，应该是非常开心的，但除了使用面向过程的思想，读者也可以尝试使用面向对象的思想，重写该游戏。

# 单元练习

　　1. 查阅第三方 Pygame 模块的相关资料，详细列出在本单元用到的 Pygame 模块的各个函数的功能 。

　　2. 利用面向对象的思想重写贪吃蛇游戏。

# 参考资料

1. ［美］埃里克·马瑟斯：《Python 编程：从入门到实践》，袁国忠译，人民邮电出版社 2020 年版。

2. ［美］马克·卢茨：《Python 学习手册》，秦鹤、林明译，机械工业出版社 2018 年版。

3. Python 官网：https：//www. python. org/。

4. PyCharm 官网：https：//www. jetbrains. com/。